Gargouri Rebai Manel

Effet protecteur des plantes médicinales contre la plombémie

Gargouri Rebai Manel

Effet protecteur des plantes médicinales contre la plombémie

Effet "in vivo" d'une intoxication par le plomb et recherche d'une protection par des plantes médicinales

Presses Académiques Francophones

Imprint

Any brand names and product names mentioned in this book are subject to trademark, brand or patent protection and are trademarks or registered trademarks of their respective holders. The use of brand names, product names, common names, trade names, product descriptions etc. even without a particular marking in this work is in no way to be construed to mean that such names may be regarded as unrestricted in respect of trademark and brand protection legislation and could thus be used by anyone.

Cover image: www.ingimage.com

Publisher:
Presses Académiques Francophones
is a trademark of
International Book Market Service Ltd., member of OmniScriptum Publishing Group
17 Meldrum Street, Beau Bassin 71504, Mauritius

Printed at: see last page
ISBN: 978-3-8416-3592-1

Copyright © Gargouri Rebai Manel
Copyright © 2015 International Book Market Service Ltd., member of OmniScriptum Publishing Group
All rights reserved. Beau Bassin 2015

TABLE DES MATIERES

INTRODUCTION GENERALE	9
REVUE BIBLIOGRAPHIQUE	11
I- Le plomb	11
A- Sources d'intoxications par le plomb	11
1. Les sources industrielles	11
2. Les sources naturelles	11
B- Métabolisme du plomb	12
1. Absorption	12
2. Distribution	13
3. Excrétion	13
C- Mécanismes de la toxicité au plomb	14
1- Toxicité cellulaire	14
2- Toxicité tissulaire	14
a. Des effets hématologiques	14
b. Des effets sur le système nerveux	15
c. Des effets sur le métabolisme osseux	15
d. Des effets rénaux	15
Des effets sur les glandes endocrines	15
Des effets sur la fonction reproductrice	15
II- L'Arthrospira Platensis : la spiruline	16
A- Généralités sur les cyanobactéries	16
B- Généralité de la spiruline	17
1. Description	17
2. Classification	17
3. La production de la spiruline dans le monde	18

4. La production de la spiruline en Tunisie	18
C- Composition de l'algue spiruline	19
1. Les protéines	19
2. Les lipides	20
3. Les glucides	20
4. Les sels minéraux et oligoéléments	20
5. Les vitamines	21
6. Les pigments photosynthétiques (richesse en antioxydants)	21
a. La phycocyanine	21
b. Les caroténoïdes	22
D- Effets bénéfiques de la spiruline sur la santé	22
1. Effets contre l'hyperlipidémie	22
2. Effets sur le système immunitaire et lutte contre le cancer	22
3. Effets protecteurs contre la toxicité des reins	22
III- Le *Taraxacum dandelion* : le pissenlit	23
A- Historique	23
B- Classification	24
C- Description	24
D- Reproduction	25
E- La composition chimique	25
F- L'intérêt nutritionnel et diététique	26
1. Rafraîchissante et peu énergetique	26
2. Une haute densité vitaminique et minérale	27
3. Données pharmacologiques	27
IV - LE STRESS OXYDANT	27
A- Définition	27
B- Les causes du stress oxydant	28

C- Les dérivés actifs de l'oxygène — 28
1. Définition de radical libre — 28
2. Formation des dérivés actifs de l'oxygène — 30
D- Les cibles des dérivés actifs de l'oxygène — 32
1. Les cibles lipidiques — 32
a. La peroxydation non enzymatique — 32
b. Les conséquences de la peroxydation lipidique — 33
2. Les cibles non lipidiques — 34
E- Les marqueurs biologiques du stress oxydant — 35
1. la peroxydation lipidique — 35
2. Protéines de stress — 35
3. Oxydation de l'ADN — 35
F- Les systèmes de protection — 36
1. Les antioxydants enzymatiques — 36
a. Les superoxydes dismutases — 36
b. Les catalases (CAT) — 37
c. Les peroxydases — 37
La glutathion peroxydase à sélénium (GPx) — 37
La glutathion peroxydase cytosolique — 38
La glutathion peroxydase plasmatique — 38
La glutathion peroxydase membranaire (HPGPx) — 38
d. La thiorédoxine (TRX) — 38
2. Les antioxydants non enzymatiques — 39
a. Les antioxydants liposolubles — 39
   La vitamine E — 39
   Les caroténoïdes — 40
b. Les antioxydants hydrosolubles — 40

La vitamine C	40
Le sélénium	41
Le Zinc	41
Le Cuivre	41

MATERIELS ET METHODES — 42
I- Animaux et alimentation — 42
1. Animaux et élevage — 42
2. Alimentation et traitements — 42
II- Sacrifice et prélèvement des échantillons — 44
1. Anesthésie des animaux et sacrifice — 44
2. Prélèvements des organes — 44
III- Technique de dosage du plomb par absorption atomique — 44
1. Principe — 44
2. Mode opératoire — 45
IV- Techniques de dosage des éléments minéraux — 46
1. Méthode titrimétrique à l'EDTA pour le dosage des ions calcium (Ca^{2+}) — 46
a- Principe — 46
b- Mode opératoire — 46
c- Calcul — 46
2. Méthode pour dosage des ions phosphates (HPO_4^{2-}) — 47
a- Principe — 47
b- Mode opératoire — 47
V- Techniques histologiques — 47
1. Coloration à l'hématoxyline-éosine — 48
2. Coloration par le rhodizonate — 48
VI- Dosage biochimiques — 49

1. Extraction de cytosol — 49
2. Dosage des protéines — 49
   a- Mode opératoire — 49
   b- Calcul — 50
3. Dosage des TBARS (le Dialdéhyde Malonique) par Colorimétrie — 50
   a- Principe — 50
   b- Mode opératoire — 50
   c- Calcul — 51
4. Mesure de l'activité catalase — 52
   a- Principe — 52
   b- Mode opératoire — 52
   c- Calcul — 52
5. Dosage de l'activité SOD par la méthode à la riboflavine — 53
   a- Principe — 53
   b- Mode opératoire — 53
   c- Calcul — 54
6. Dosage de GSH-peroxydase (GSH-Px) — 54
   a- Principe — 54
   b- Mode opératoire — 54
   c- Calcul — 55

VII- Traitement statistique des résultats — 56

CHAPITRE I
EFFET PROTECTEURS DE LA SPIRULINE ET DU PISSENLIT SUR LA CROISSANCE CORPORELLE ET HÉPATIQUE CHEZ DES JEUNES RATS MALES ET FEMELLES EN PÉRIODE DE DÉVELOPPEMENT ET ISSUS DE MÈRES TÉMOINS ET TRAITÉES PAR L'ACÉTATE DE PLOMB

Résultats	57
1. Effet sur le poids corporel	57
2. Action sur le contenu stomacal	58
3. Action sur le poids de foie	59
Discussion	65
Conclusions	67

CHAPITRE II
EFFETS DE LA SPIRULINE ET DU PISSENLIT INSTAURÉS, DES LE 5ÈME JOUR DE GESTATION CHEZ DES RATTES TÉMOINS OU TRAITÉES PAR LE PLOMB, SUR LA MATURATION DE L'OS DE LEUR PROGÉNITURE

Résultats	69
1. Impact sur le poids et la taille de l'os	69
2. Impact sur la composition minérale de l'os	70

3. Histologie de l'os — 70
Discussion — 76
Conclusions — 77

CHAPITRE III
IMPACT DE LA SPIRULINE ET DU PISSENLIT SUR LA MATURATION DU SYSTÈME NERVEUX CHEZ DES JEUNES RATS MALES ET FEMELLES ÂGÉS DE 14 JOURS ET ISSUS DE MÈRES TÉMOINS ET TRAITÉES PAR LE PLOMB

Résultats — 79
1. Effets sur le poids de cerveaux et de cervelets des jeunes rats mâles et femelles âgés de 14 jours — 79
2. Effets sur la quantité de protéines au niveau des cerveaux et des cervelets — 80
3. Histologie des cervelets — 80

Discussion — 86
Conclusions — 88

CHAPITRE IV
IMPACT DE TARAXACUM D-LEONIS ET DE LA SPIRULINA PLATENSIS CHEZ LES RATS MALES ET FEMELLES PENDANT LA PÉRIODE D'ALLAITEMENT CONTRE L'EFFET OXYDATIF DU PLOMB AU NIVEAU DU FOIE, DU CERVEAU ET DU CERVELET

Résultats 90
A- Impact sur la péroxydation lipidique 90
B- Impact sur le système enzymatique antioxydant 90
1. Variations de l'activité de la SOD 90
2. Variations de l'activité de la Catalase 91
3. variations de l'activité de la GPx 91
Discussion 96
Conclusions 100
CONCLUSIONS GENERALES 101
BIBLIOGRAPHIE 105
RESUME

INTRODUCTION GENERALE

Les intoxications massives aiguës et chroniques par le plomb ont été bien documentées en milieu professionnel. Ainsi le plomb d'après HAGUENOER et FURON., 1989 est un polluant environnemental contaminant essentiellement les sols et l'atmosphère au voisinage des sites industriels (fonderies, usines de fabrication et de recyclage de batteries ...) et les zones de fort trafic automobile et ceci avant l'entrée en vigueur de la législation sur l'essence au plomb. Les poussières et les peintures des habitats anciens et dégradés, l'eau de boisson et, à un degré moindre, l'alimentation, sont également des sources rémanentes, souvent insidieuses d'exposition des populations au plomb (BOUTRON., 1988).

L'intoxication par ce métal entraîne des perturbations de plusieurs fonctions y comprises la fonction hématologique, rénale, reproductrice et nerveuse. (SQUINAZI., 1994 ; GHORBEL., 2002).

De même, des études ont signalé l'effet oxydant du plomb puisqu'il constitue d'après PREAT., 2000 une des causes exogènes d'exposition aux radicaux libres. Ces derniers sont des molécules instables à électrons célibataires, qui provoquent des réactions biochimiques en chaînes entraînant un stress oxydatif.

De plus, les jeunes en période de croissance sont les plus sensibles à toutes sortes d'intoxications (MAYLIN., 1999). Ils ont ainsi un taux métabolique plus élevé et par conséquent ils absorbent et retiennent les substances toxiques plus facilement que les adultes, de plus leur système nerveux central est en cours de maturation.

Au cours de ces dernières décennies de nombreux travaux ont été consacrés à l'étude de plantes médicinales vues leur vertu thérapeutique et leur moindre toxicité. Depuis l'antiquité et de nos jours l'homme a recours à la phytothérapie. Les plantes médicinales sont riches en flavonoïdes et en polyphénols comme piégeurs de radicaux libres et antioxydants, en corps terpéniques (dérivés du terpène, parmi lesquels le menthol, le camphre, etc.) qui forment la base des stéroïdes qu'on retrouve dans de nombreuses vitamines qui permettent la digestion des matières grasses, en saponines qui sont utilisés comme expectorants et diurétiques et en alcaloïdes.

Vue la richesse de *l'Arthrospira Platensis* (spiruline) en protéines, en phycocyanine et en éléments minéraux essentiels (calcium, phosphore, magnésium, fer et zinc) et *de **Taraxacum D-leonis** (pissenlit)* en éléments minéraux essentiels et en vitamines (surtout les vitamines C, A et B), nous nous sommes proposés d'étudier leurs effets correcteurs chez des jeunes rats et issus en période d'allaitement de mères traitées au plomb.

Ainsi, l'acétate de plomb est administré dans l'eau de boisson à raison de 0.6 % à des rattes dès le 5ème jour de gestation. Ces animaux sont soumis à un régime alimentaire normal **(groupe pb)** ou enrichi de 15% de spiruline **(groupe S Pb)** ou de 2% de pissenlit **(groupe P Pb).** Des groupes de rattes gestantes recevant de l'eau distillée et nourris soit d'un concentré normal " témoins négatifs " (**T**) soit d'un concentré riche contenant 15% de spiruline ou 2% de pissenlit " témoins positifs " (**groupe S** ou **P**) sont utilisés comme références.

Le présent travail, réparti en quatre chapitres, consiste à étudier l'effet protecteur de la spiruline et du pissenlit chez les jeunes rats mâles et femelles âgés de 14 jours et issus de mères traitées par le plomb sur :

- La croissance corporelle et hépatique.
- La croissance osseuse.
- La maturation du système nerveux central.
- Les statuts oxydant et anti-oxydant au niveau du foie, du cerveau et du cervelet.

I- Le plomb

Le plomb est un métal lourd largement utilisé dans les activités métallurgiques dès l'Antiquité et redécouvert au moment de la Révolution Industrielle.

A- Sources d'intoxications par le plomb

Les sources d'intoxication sont multiples. On distingue :

1. Les sources industrielles

Les professions exposées sont extrêmement nombreuses : extraction et traitement du minerai, récupération du plomb à haute température, métallurgie, soudure, fabrication des accumulateurs et des batteries, imprimerie, plomb de chasse, les peintures... etc.

Les peintures anciennes peuvent contenir de 5 à 40% de plomb (HAGUENOER et FURON 1989).

2. Les sources naturelles

➢ **L'air :** Le plomb est naturellement présent dans l'air en quantités infimes (érosion éolienne des rochers, rejets volcaniques). Le plomb atmosphérique dont la concentration peut atteindre 80 à 4000 µg/ m3 (OMS., 1978) est actuellement pour 80 % d'origine anthropique (Boutron., 1988).

La libération intense de ce métal indestructible, sa dispersion à l'échelle planétaire, son accumulation massive et définitive dans l'environnement ont dépassée les cycles naturels géobiochimiques dans beaucoup d'écosystèmes et ont conduit à son accumulation dans les organismes causant des effets toxiques. Chaque année à l'échelle mondiale, du fait de l'extraction de 3 millions de tonnes de plomb, près de 200.000 tonnes de ce métal sont émises dans l'atmosphère. Ce qui constitue une menace permanente pour la santé humaine.

➢ **Les eaux :** Les intoxications d'origine hydrique ont été observées dans les régions granitiques où l'eau, peu minéralisée et légèrement acide, est capable de dissoudre des quantités importantes de plomb. Le même phénomène peut être observé avec les adoucisseurs d'eau ou avec des tuyauteries en plomb (DUC et al., 1994).

Il faut par conséquent neutraliser l'eau avant sa distribution ou remplacer les conduits de plomb par des canalisations en cuivre tout en évitant les soudures « à l'étain ».

- **Les aliments** : L'ingestion d'aliments contenant du plomb est une voie d'exposition au plomb :
  - Les plantes sont contaminées par déposition de poussières de plomb ou par le sol.
  - Les produits d'origine animale sont contaminés par concentration du plomb dans les tissus mous tels que les rognons et le foie ou les liquides.
  - Les produits industriels sont contaminés lors de la production ou de la conservation des denrées (récipients au plomb : céramiques, mauvais étains).

Pratiquement presque tous les aliments contiennent du plomb, de 0.2 à 2.5 mg / kg de poissons et de fruits de mer, de 0 à 0.37 mg / Kg de viande et d'œufs, de 0 à 1.39 mg / kg de céréales et de 0 à 1.3 mg / Kg pour les légumes.

Après une étude effectuée par le ministère de la santé en 1995, PICHARD (2003) a montré que les apports de plomb dus aux aliments varient :

- Entre 6 et 12 µg/j pour les nourrissons,
- Entre 16 et 33 µg/j pour les enfants,
- Entre 50 et 100 µg/j pour les adultes.

- **Le tabac** : Les teneurs en plomb varient de 2.6 µg à 41 µg par cigarette. 4 à 19 % passent dans la fumée (COGBILL et HOBBS., 1957).

B- Métabolisme du plomb

1. Absorption

Le plomb peut être absorbé par l'organisme par inhalation, ingestion, contact cutané principalement lors d'une exposition professionnelle (MOORE et *al.*, 1980) ou par transmission à travers le placenta (ANGELL et *al.*, 1982). Chez l'adulte sain, 10% du plomb ingéré sont absorbés essentiellement dans l'intestin grêle (RABIMOWITZ et *al.*, 1976). Chez l'enfant, le taux d'absorption peut atteindre 50 %. Ceci est surtout lié à l'alimentation lactée (WINSHIP., 1989).

L'absorption digestive du plomb est augmentée en cas de carence alimentaire en fer (WRIGHT et al., 1998 et TESTUD., 1998), calcium et phosphate (GOYER., 1993), lors du jeûne et avec un régime pauvre en protéines ou riche en graisse (TAYLOR., 1986). Elle est également stimulée par l'administration de la vitamine D (SMITH et al., 1981).

Le plomb entre en compétition avec le zinc et le sélénium. Ainsi une alimentation riche en zinc déprime l'absorption de ce métal (TANDON et al., 2002).

L'absorption par voie aérienne dépend de la taille des particules et de leur solubilité (TESTUD., 1998). Les particules inférieures à 1µm traversent la paroi alvéolo-capillaire.

2. Distribution

La distribution du plomb est tricompartimentale (DUC et al., 1994):
- Le premier compartiment dont la demi-vie est de 35 jours, comprend le pool sanguin et les tissus directement en équilibre avec celui-ci.
- Le 2ème compartiment est formé par les tissus mous (reins, moelle osseuse, foie, rate, cerveau) et dont la demi-vie est de 40 jours (TESTUD., 1998).
- Le 3ème compartiment est osseux dont la demi-vie est très longue de l'ordre de 9,5 ans, elle est très variable selon les os elle est de 2,4 ans dans l'os trabéculaire et l'os cortical (NILSSON et al., 1991).

L'os représente un intégrateur de l'exposition au plomb. Siège de l'accumulation du toxique, l'os contient 95 % de la charge corporelle en plomb.

3. Excrétion

La principale voie d'excrétion est urinaire, 75 % au moins du plomb absorbé sont éliminés par cette voie (HAGUENOER et FURON., 1982). Le plomb se retrouve dans les urines à partir de l'ingestion quotidienne d'au moins 1 mg d'acétate de plomb, essentiellement sous forme ionisée libre lorsque les plombémies sont dans des limites normales (KEHOE, 1987). Pour des expositions modérées observées en milieu professionnel, les taux de plomb urinaires sont compris entre 0,05 et 0,2 mg/L (ROBINSON., 1974).

La deuxième voie d'excrétion est fécale, le plomb non absorbé par le tractus gastro-intestinal est éliminé par les fèces. Plus de 85 % du plomb ingéré dans l'eau de boisson par des adultes volontaires (0,3 à 3 mg de plomb/ j / 16 à 28 semaines) sont excrétés et ce majoritairement dans les féces (90 %) (KEHOE, 1987).

Outre ces deux voies d'excrétions (rénale et fécale), le plomb peut également s'éliminer par le lait maternel la salive, la sueur, les cheveux et les ongle (PALMINGER et *al.*, 1996).

C- Mécanismes de la toxicité au plomb :

Le plomb provoque beaucoup d'effets néfastes à l'échelle cellulaire et tissulaire.

1. Toxicité cellulaire

Le plomb affecte principalement la synthèse de l'hémoglobine en bloquant certaines enzymes nécessaires à sa formation tels que : l'ALAD (Acide delta Amino-Levulinique Déhydrase), l'hème synthétase ou ferrochélatase et la coprophyrinogène décarboxylase. Il bloque également la synthèse de globine et l'incorporation du fer (HAGUENOER et FURON., 1989). Le plomb diminue la longévité des hématies de 20%. Il entre également en compétition, dans la terminaison nerveuse, avec le Ca^{2+} (HERNBERG., 1967). La calmoduline et la protéine kinase C ont une grande affinité pour le plomb, et entraînent les mêmes réponses que leurs homologues activés par le calcium, mais avec une durée l'action plus longue (LOCKITCH., 1993). Le plomb inhibe l'activité de l'adénylcyclase et donc les systèmes dépendants de l'AMPc ainsi que les pompes Na^+ / K^+ (HASAN ct *al.*, 1967).

2. Toxicité tissulaire

Selon le degré d'exposition, le plomb peut provoquer :

a. Des effets hématologiques :

Un des effets classiques du plomb est l'anémie liée, d'une part, à l'inhibition de la synthèse de l'hème et, d'autre part, à la réduction de la durée de vie des érythrocytes. Les anémies qui résultent de l'effet du plomb s'accompagnent le plus souvent de l'apparition fréquente de granulations basophiles dans les hématies (PAGLIUCA et *al.*, 1990).

b. Des effets sur le système nerveux :
Une accumulation de plomb au niveau du SNC, préférentiellement au niveau du cortex, stratum et thalamus (VILLEDA–H et *al.*, 2001), entraîne des phénomènes d'extravasations, de proliférations endothéliales et des exsudations pré vasculaires.

c. Des effets sur le métabolisme osseux :
Le plomb inhibe l'activité ostéoclastique et ostéoblastique (POUNDS et *al.*, 1982). Le plomb agit indirectement sur la régulation hormonale du métabolisme osseux, en inhibant la parathormone par action sur l'adénylcyclase (ROSEN et *al.*, 1980), ce qui favorise sa fixation sur l'os avec le calcium.

d. Des effets rénaux : Plusieurs enquêtes épidémiologiques en milieu professionnel, où prédomine l'exposition par inhalation, ont mis en évidence un excès de mortalité par insuffisance rénale chez les sujets qui avaient subi des expositions chroniques intenses au plomb (COOPER et *al.*, 1988). Les lésions qui se développent se caractérisent notamment par la présence de tissu interstitiel fibrotique, une atrophie glomérulaire et tubulaire qui conduisent à une altération irréversible de la fonction rénale (ALBAHARY et *al.*, 1965).

➢ ***Des effets sur les glandes endocrines*** **:** Les conséquences endocriniennes du saturnisme portent essentiellement sur les fonctions thyroïdiennes, surrénaliennes, hypophysaires et gonadiques (FOSTER et *al.*, 1993).

➢ ***Des effets sur la fonction reproductrice*** **:** Le plomb altère la fonction reproductrice, il agit à différents niveaux mais ses actions restent jusqu'à présent discutées et mal connues puisqu' elles sont variables selon la dose, la durée d'exposition …etc. (APOSTOLI et *al.*, 1998).
En effet des travaux ont montré que le plomb agit directement sur les cellules de Leydig en réduisant la biosynthèse de la testostérone. Il provoque une diminution d'hormone lutéinisante (LH), sans modifier le taux de l'hormone folliculo-stimulante (FSH). La production de spermatozoïdes est rarement altérée. (FOSTER et *al.*, 1996).
Le plomb affecte le développement et la maturation des follicules de l'ovaire, réduit également la stéroïdogenèse ovarienne et perturbe la fonction hypophysaire. L'expérimentation animale a démontré clairement que le plomb, administré à fortes

doses pendant la gestation, est tératogène et peut entraîner des morts fœtales alors qu'à doses modérées avant et/ou pendant la gestation, il réduit la taille des portées, le poids des nouveau-nés et leur survie (BELLINGER *et al.*, 1985).

II - L'Arthrospira Platensis : la spiruline
A - Généralités sur les cyanobactéries

Les cyanobactéries représentent un groupe bactérien, leurs traces ont déjà été détectées depuis quelques milliards d'années en Afrique du sud dans les stromatolithes (reste de filaments d'algues pétrifiés dans du calcaire) (PEREZ., 1997).

En général, il y a 1500 espèces de cyanobactéries dites hétérocystes, certaines sont unicellulaires, d'autres sont des filaments multicellulaires ou trichomes. Certaines possèdent des cellules spécialisées pour fixer l'azote, d'autres n'en possèdent pas.

Aujourd'hui, Les algues bleues ou cyanophycées sont classées parmi les eubactéries car elles sont dépourvues de membrane nucléaire. Elles contiennent un ADN bicaténaire circulaires et sans histones mais avec des protéines proches de celles connues chez Escherichia coli. L'ADN est regroupé dans la partie centrale du cytoplasme sous forme de fibrilles.

L'épaisseur de la paroi cellulaire des cyanobactéries mesure de 35 à 50 nm. La paroi est de type gram négatif.

Le cytoplasme comporte de nombreuse inclusions dont certaines très originales telles que les granules de polyphosphates localisés à la périphérie du cytoplasme, des carboxysomes formés d'enzymes servant à la fixation du carbone à l'obscurité, des vacuoles gazeuses constituées principalement d'azote et des granules de cyanophycine servant des réserves protéiques.

Les cyanobactéries sont autotrophes au carbone ou à l'azote, elles partagent avec la plante la capacité d'effectuer la photosynthèse en utilisant la lumière et l'eau pour la réduction du CO_2, processus qui s'accompagne d'un dégagement d'oxygène.

En plus, elles présentent un pigment spécifique, la phycocyanine qui est une molécule bleue fluorescente, riche en molécules à liaisons conjuguées, offrant aux cyanobactéries telles que la spiruline un large spectre d'absorption. Ceci leur permet d'interagir et d'absorber efficacement les radiations électromagnétiques dans le visible (VONSHAK., 1997).

L'objet de cette étude porte sur l'une des 1500 espèces de cyanobactéries. La spiruline (*Arthrospira Platensis*) comporte un filament hélicoïdal multicellulaire, sans hétérocystes pour fixer l'azote de l'air.

B - Généralité de la spiruline

1. Description

C'est un petit être aquatique de 0.3 mm de long dont le nom scientifique est *« Arthrospira Platensis »*. Le nom de cette cyanobactérie revient à sa forme spirale non ramifiée de 5 à 7 spires et de 10 µm de diamètre **(Fig.1)**. Elle se présente sous forme de filaments microscopiques constitués de cellules juxtaposées. La longueur du filament ainsi que le nombre et le tassement des spires pour chaque filament varient selon l'âge et les conditions de culture de cette micro-algue. Sa reproduction est asexuée elle se fait par division des filaments (VONSHAK., 2000).

Cette micro-algue est particulièrement riche en protéines (60-70% du poids sec), vitamines (B_{12}), provitamines A (β–carotènes), acides aminés essentiels, minéraux et acides gras essentiels (acide γ- linolénique).

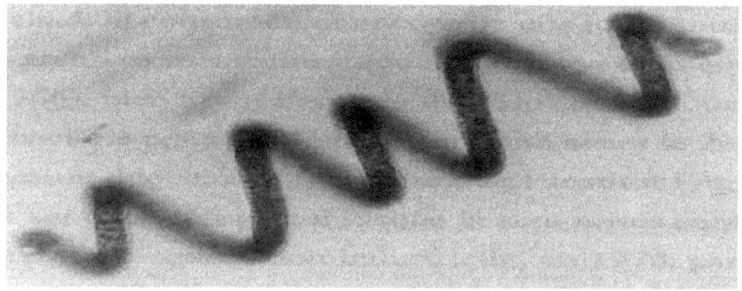

Figure 1 : *« Arthrospira platensis »* vue au microscope électronique (JOURDAN., 1996)

2. Classification (Fox., 1999)

Règne : Monera

Sous règne : Procaryotes

Phylum : Cyanophytes

Embranchement : Eubactéries

Classe : Cyanobactéries
Ordre : Oscilatoriales
Famille : Oscilatoriaceae
Genre et espèce : *Arthrospira platensis*

3. La production de spiruline dans le monde

Les spirulines cyanobactéries, découvertes par les européens et les américains au milieu du XXème siècle (FARRAR., 1996), ont fait l'objet d'une redécouverte depuis quelques années au Tchad (SORTO., 2003).

La production de spiruline est en constante augmentation depuis vingt ans. Son marché est occupé par de grandes entreprises, qui possèdent de grands bassins de culture.

En 1998, le premier pays producteur est la chine, suivie par les Etats–Unis, Hawaï et l'inde. La production mondiale a atteint en 1999, près de 1500 tonnes sèches par an et est réalisée dans des bassins industriels de 3000 à 5000 m^2 (FOX., 1999). En 2003, la production mondiale de spiruline est de 2000 à 3000 tonnes (CHARPY., 2004).

4. la production de spiruline en Tunisie

En Tunisie, la spiruline a été détectée dans le lac de Tunis en 1978 et à Chott el Djérid en 1997. Par ailleurs, grâce au projet AGCD et à la coopération belgeo-tunisienne : « INSTM -Université de Liège (décembre 1996) », des prospections préliminaires ont été effectuées et ont conduit à mettre en évidence la présence de souches naturelles de spiruline dans deux sites tunisiens (ELLOUZE., 2004).

Une souche marine « *Spirulina subsala* » a été observée et identifiée dans les salines proches de la ville de sfax. Cette souche de taille réduite et de vitesse de croissance faible ne présente vraisemblablement pas un grand intérêt pour une production industrielle.

Une deuxième souche « *spirulina platensis* », d'eau saumâtre a été identifiée dans un site proche de Hergla à 20 Km au nord de Sousse, dans un oued partiellement alimenté par des eaux usées. Cette souche présente une concentration très élevée notamment pendant l'été. Elle a été purifiée au laboratoire et mise en culture avec succès dans des volumes de 500 litres.

Des essais ont été effectués dans le cadre du nouveau projet introduit en vue de tester la productivité de cette souche indigène, adaptée aux conditions climatiques tunisiennes, en bassin pilote préindustriel.

Compte tenu des résultats obtenus sur la croissance de la spiruline à différentes températures et des données de la bibliographie, la période de production effective dans les conditions climatiques de Monastir s'étend du mois de mai jusqu'à environ la mi-octobre.

En dehors de cette période la croissance de la spiruline est plus faible et le risque de contamination est possible. Pour étendre la période de production, on peut abriter les bassins de culture sous serre dans le but d'augmenter la température pendant les mois avril, novembre et décembre.

La comparaison des rendements estimés de la spiruline souche locale cultivée en 1999 et en 2000 avec la spiruline « *Arthrospira platensis* » originaire du Tchad cultivée en 1998 montre que les 2 souches présentent une croissance semblable pendant les différentes périodes avec des rendements voisins.

Actuellement, une ferme artisanale Tunisienne de Bioalgue est installée à El-Alia (Salakta) au nord de Sousse.

C - Composition de l'algue spiruline

1. Les protéines

La spiruline est connue par sa richesse en protéines, la teneur oscille entre 50 et 70 % de son poids sec **(Tableau I)**. Ces protéines ont en plus l'avantage d'être facilement assimilables par l'organisme grâce à l'absence de parois cellulosiques, remplacées par une enveloppe de murésine relativement fragile (AFAA., 1982), ce qui évite l'emploi de la cuisson qui altère les nutriments et les vitamines.

D'un point de vue qualitatif, les protéines de la spiruline sont complètes, car tous les acides aminés essentiels y figurent et représentent 47 % du poids total des protéines (BUJARD et *al.*, 1970).

A noter que les protéines majeures de la spiruline sont les phycocyanines (des composants de l'appareil photosynthétique des cyanobactéries).

Tableau I: Composition chimique d'« *Arthrospira platensis* » (DIMESSI., 2007)

Les composés organiques et minéraux	Quantité par 10 g de poids sec
Les acides aminés totaux	6 à 6.5 g
Les carbohydrates	2.22 à 2.41g
Les pigments (caroténoïdes)	1.6 à 1.9 g
Phycocyanine	1 à 1.5
chlorophylle	80 à 150 mg
Caroténoïdes (Totaux)	30 à 40 mg
B-carotènes	12 à 19 mg
Xanthophylle (total)	18 mg

2. Les lipides

Ils représentent 5.6 à 7 % du poids sec de la spiruline, parfois jusqu'à 11 % selon le système d'extraction utilisé. Ils se subdivisent en fractions saponifiables 83 % et fractions non saponifiables 17 %. La spiruline figure ainsi parmi les meilleures sources d'acides gras essentiels, avec quelques huiles végétales peu connue (CIFFERIO., 1983).

3. Les glucides

Les glucides, constitués en majeure partie de polysaccharides (glucose, fructose, saccharose) représentent 15 à 25 % de la matière sèche de spirulines. Mais la seule substance glucidique intéressante pour son apport minéral, entre 350 et 850 mg/kg de matière sèche, est le méso-inositol phosphate qui est une excellente source de phosphore organique (CHALLEM et *al.*, 1981).

4. Les sels minéraux et oligoéléments

La spiruline présente 7% des minéraux dont les plus intéressants sont le fer, le magnésium, le calcium, le phosphore, le zinc et le potassium.

Tableau II : Les composés minéraux de la spiruline (FLAQUET et HUNRI., 2006)

Minéraux	Teneur de la spiruline (mg/Kg)
calcium	1300-14000
phosphore	6700-9000
magnésium	2000-2900
Fer	580-1800
Zinc	21-40
cuivre	8-10
chrome	2.8-3
manganèse	25-37
sodium	4500
potassium	6400-15400

5. Les vitamines

La spiruline est très riche en vitamine E (tocophérol), en vitamines B1, B2, B3, B5, B8 et B12 qui ne sont pas toxiques à fortes doses.

6. Les pigments photosynthétiques (richesse en antioxydants)

Par sa grande richesse en pigments tels que caroténoïdes et phycocyanines, colorants bleus naturels doués d'une importante activité anti-oxydante et anti-radicalaire, la spiruline gagne une vertu anti-vieillissement et même une action bénéfique sur l'activation du système immunitaire.

a. La phycocyanine

Environ 14% du poids de la poudre sèche totale de spiruline est la phycocyanine. Ces pigments qui sont des complexes bleu formés de chromophores tétrapyrolliques à chaîne ouverte associés à des protéines (BEN OUADA et *al.*, 2001), peuvent être séparés par électrophorèse. Deux classes d'utilisations commerciales sont à distinguer : la phycocyanine comme ingrédient incorporé dans des aliments et la phycocyanine comme ingrédient traceur fluorescent en immunologie.

La phycocyanine a la capacité de développer des propriétés bénéfiques pour la santé des consommateurs, démontrées au cours de nombreuses expériences réalisées in vitro et in vivo chez différents modèles animaux.

- Activités antioxydantes et anti-radicalaires (HIRATA et *al.*, 2000)
- Activités anti-tumoral et anti inflammatoire (YUFENG et *al.*, 2000)
- Hepatoprotection et détoxification (VADIRAJA et *al.*, 1998)

- Protection cellulaire
- Protection contre les radiations
- Stimulation du système immunitaire

b. Les caroténoïdes

La spiruline constitue une bonne source de β-carotène (la provitamine A). En effet Le β-carotène représente 80 % des caroténoïdes présents dans cette algue, le reste étant composé principalement de physoxanthine et de crypthxanthine (PALLA et al., 1969).

D - Effets bénéfiques de la spiruline sur la santé

Jusqu'à présent, l'intérêt de la spiruline réside uniquement dans sa valeur nutritive. Quelques études cliniques suggèrent les effets thérapeutiques de la spiruline telle que la réduction du cholestérol et des cancers par stimulation du système immunitaire, l'augmentation des lactobacilles de la flore intestinale, la réduction de la toxicité des reins par les métaux lourds et les drogues, et la protection contre les radiations.

1. Effets contre l'hyperlipidémie

Sur les essais réalisés sur l'homme, un régime régulier à la spiruline de 4.2 g/jour pendant 4 semaines engendrait une diminution du cholestérol et une baisse significative de dépôts graisseux dans les artères. Ce phénomène serait dû à l'augmentation de l'activité d'une enzyme, la lipase, enzyme clé dans le métabolisme des triglycérides et des lipoprotéines (IWATA et al., 1990).

2. Effets sur le système immunitaire et lutte contre le cancer

Une consommation journalière de phycocyanine permet de maintenir ou d'accélérer les fonctions des cellules et de prévenir ainsi des tumeurs malignes comme les cancers, ou d'inhiber leur *croissance ou leur récurrence.*

3- Effets protecteurs contre la toxicité des reins

D'après YAMANE et al., (1988), l'ajout de 30% de spiruline dans le régime alimentaire des rats ayant un sérum riche en créatinine, indicateur d'une infection des reins, fait diminuer les taux de cet indicateur, par l'intermédiaire de la diminution de l'activité de certaines enzymes (alcaline phosphatase, etc.....).

III - Le *Taraxacum dandelion* : le pissenlit

A - Historique

Le terme vernaculaire «*pissenlit*» regroupe l'ensemble des espèces du genre **Taraxacum**. Néanmoins, dans le langage courant, on emploie le mot *pissenlit* pour désigner le seul **pissenlit** commun, **_Taraxacum officinal_**.

Le pissenlit commun est aussi connu sous le nom de **_dent-de-lion_**, lié à la forme recourbée des dents de ses feuilles. Cette expression a été empruntée de la langue anglaise puisqu'en anglais le pissenlit s'appelle **_dandelion_**.

Cette plante représente l'amie de l'homme et des animaux, c'est peut-être la plus connue des plantes champêtre. Elle est cultivée depuis plus d'un demi-siècle, elle est cueillie à l'état sauvage, pour ses différentes qualités.

Le pissenlit est une espèce particulièrement fréquente dans les prairies, les champs humides et sur le bord des chemins. Le polymorphisme intense qui caractérise l'espèce est lié à l'existence de complexes polyploïdes : trente groupes ont été décrits pour l'Europe (DELAVEAU., 1988).

En Acadie (colonie Française en Amérique du nord), la plus forte poussée de cette fleur se situe entre le 15 mai et le 30 juin.

Il est alors transformé en boule de soie qui n'attend que quelques jours pour disséminer, au gré du vent, avec des graines suspendues à une aigrette blanche ayant l'allure de parachute ballottant au vent **(Fig.3, 4)**.

Figure 3: Pissenlit officinal fleuri

Figure 4: Pissenlit officinal sec

B - Classification

Règne : Plantae
Sous –règne : Tracheobionta
Division : Magnoliopsida
Sous –classe : Asteridae
Ordre : Asterales
Famille : Asteraceae
Genre et espèce : *Taraxacum dandelion*

C - Description

Le pissenlit est une plante dont la hauteur varie de 5 à 40 cm. Il est facilement identifiable grâce à ses feuilles.

Les fleurs de pissenlit, dépourvues de sépales, possèdent des bractées (petites feuilles qui entourent la base du capitule servant de sépales) prennent la forme d'un gros capitule qui mesure de 2 à 2.5cm de diamètre et qui regroupe des centaines de petites fleurs accolées les unes aux autres.

En général, le centre de la fleur est composé de fleurs tubuleuses (disque jaune ou brunâtre) et le contour de la fleur présente des fleurs ligulées (à pétales) telles les pétales blancs de la marguerite ou les pétales violets de certains asters. **(Fig. 5)**.

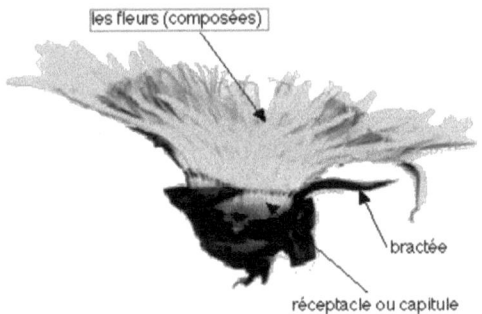

Figure 5: Fleur de Pissenlit

✓ Les feuilles peuvent mesurer de 10 à 20 cm, dentées, vertes foncées situées à la base de la tige, allongées et très profondément découpées jusqu'à la nervure médiane. **(Fig.6)**.

- ✓ Elles se développent d'abord sous terre. Elles soulèvent le sol pour ensuite s'étaler en rosette. Les hampes (queues) se déploient les unes après les autres et sur chacune il n'y a qu'un seul capitule de fleurs.
- ✓ ses racines se présentent sous la forme d'une carotte centrale entourée de plusieurs radicelles.

Figure 6 : Feuille et racine de pissenlit

D – Reproduction

Le pissenlit est une plante dite hermaphrodite, elle a des organes mâles et femelles. Grâce à eux et à ses multiples fleurs dans son réceptacle, un insecte (abeille ou autre) peut lui permettre de s'autoféconder et ainsi de se multiplier.

La maturation des sexes dans une fleur de type ligulée est décalée elle se fait de sorte que l'organe mâle est mûr avant la femelle.

Le pollen est recueilli par les insectes butineurs, à l'extrémité des étamines, qui arrivent à maturité avant le pistil. Ensuite le stigmate s'écarte pour laisser le ligulé devenir femelle afin d'être fécondée par le pollen d'une autre ligulée ou même d'un autre pied de pissenlit.

La fécondation donne naissance à un fruit, l'akène, muni d'un fameux parachute duveteux **(Fig. 4)**. Ces fruits sont disséminés par le vent, sur des distances pouvant atteindre 10 km.

E - La composition chimique

La teneur en sucres de la racine est élevée : près de 20 % de fructose et de 40 % de l'inuline (polymère de fructose). On note aussi la présence d'un acyl–glucoside de la β- hydroxyl γ- butyrolactone : le taraxacoside (RAUWALD et *al.*, 1985). Les autres composés identifiés dans la racine de pissenlit sont issus du métabolisme de l'acide mévalonique : lactones amères et tri terpènes.

Les feuilles renferment des flavonoïdes, leurs teneurs en potassium sont importantes et leurs amertumes sont dues à des hétérosides de lactones sesquiterpéniques (KUUSI et al., 1985).

Des caroténoïdes sont décelés dans les fleurs.

Le pissenlit est riche en minéraux tel que le calcium, le potassium, le phosphore, le magnésium, le sodium, le zinc et le fer. Sa teneur en vitamine C et provitamine A est élevée. Il renferme de nombreuses vitamines du groupe B en quantités appréciables particulièrement la vitamine B_3 et la vitamine B_6 (**Tableau III**).

Tableau III : Composition moyenne par 100 g de poids net sec (FACHMANN et al., 1996).

Composants	(g)	Vitamines	(mg)
Glucides	5.70	Vitamine C (ac. ascorbique)	35.00
Protides	2.70	Provitamine A (carotène)	8.400
Lipides	0.70	Vitamine B1 (thiamine)	0.190
Eau	85.5	Vitamine B2 (riboflavine)	0.200
Fibres alimentaires	3.50	Vitamine B3 ou PP (nicotinamide)	0.800
		Vitamine B5 (ac. panothénique)	0.080
Minéraux	(mg)	Vitamine B6 (pyridoxine)	0.250
Potassium	420.0	Vitamine B9 (ac.folique)	0.190
Phosphore	70.00	vitamine D	0.050
Calcium	165.0		
Magnésium	36.00	**Apports énergétiques**	
Sodium	76.00	KCalories	40
Fer	3.100	KJoules	167
Cuivre	0.170		
Zinc	1.200		
Manganèse	0.340		

F - L'intérêt nutritionnel et diététique

1. Rafraîchissante et peu énergétique

Le pissenlit est une plante, consommée en tant que salade est riche en eau de 85 et 93%. Du fait de sa teneur très modérée en nutriments énergétiques (glucides, protides, lipides), la plante s'avère faiblement énergétique. Une portion moyenne de petite salade (de l'ordre de 50 g) fournit au maximum 20 k calories.

2. Une haute densité vitaminique et minérale :

C'est une source tout à fait intéressante de vitamines, minéraux et oligo-éléments. Pour 50 g de pissenlit, on peut couvrir une fraction appréciable de l'AJR (Apport Journalier Recommandé).

Il fournit ainsi :

- Des éléments antioxydants tels que la vitamine C ou la provitamine A (utiles pour la lutte contre les radicaux libres, facteurs de vieillissement cellulaire prématuré, ainsi que pour la prévention vis-à-vis des pathologies de dégénérescence cardio-vasculaire et tumorale).

- Des nutriments utiles pour la résistance aux infections et la lutte contre l'anémie : cuivre, vitamine B9 et fer (dont le besoin chez les femmes est particulièrement élevé).

- Des constituants bénéfiques pour le bon équilibre neuro-musculaire : magnésium et vitamine B1.

3. Données pharmacologiques :

Consommées en salade, il favorise les fonctions d'élimination. Grâce à ses fibres abondantes (3.5%), qui sont surtout constituées de cellulose et de l'hémicellulose, le pissenlit aide à lutter contre la paresse intestinale, essentiellement quand il est consommé cru.

Par ailleurs, il possède des propriétés diurétiques certaines, liées à la fois à leur richesse en eau à un rapport potassium /sodium particulièrement élevé et à la présence de substances dotées de propriétés diurétiques (dans le pissenlit).

Des études toxicologiques en phase aigue et subaiguë ont démontré l'absence de toxicité de la poudre totale de pissenlit.

IV - LE STRESS OXYDANT

A - Définition

Dans les systèmes biologiques, le stress oxydant est la conséquence d'un déséquilibre entre la production de radicaux libres et leur destruction par des systèmes de défenses anti-oxydantes. Les radicaux libres peuvent engendrer des dommages importants sur la structure et le métabolisme cellulaire en dégradant de nombreuses cibles : les protéines, les lipides et les acides nucléiques.

B - Les causes du stress oxydant

Les radicaux libres sont produits par divers mécanismes physiologiques car ils sont utiles pour l'organisme à dose raisonnable ; mais la production peut devenir excessive ou résulter de phénomènes toxiques exogènes. Ainsi l'organisme doit se protéger de ces excès par différents systèmes antioxydants.

Dans les circonstances quotidiennes normales, des radicaux libres sont produits en permanence, en faibles quantités comme les médiateurs tissulaires ou les résidus des réactions énergétiques ou de défense. Cette production physiologique est parfaitement maîtrisée par des systèmes de défense, adaptatifs par rapport aux radicaux présents.

Dans ces circonstances anormales, la production de radicaux libres est beaucoup trop forte et elle ne peut pas être maîtrisée par l'organisme.

La rupture de cet équilibre peut provenir dans des cas :

- d'intoxications aux métaux lourds
- d'irradiation
- dans les ischémies / reperfusions suivant des thromboses.
- de défaillance nutritionnelle ou de la carence en un ou plusieurs des antioxydants apportés par l'alimentation comme les vitamines ou les oligo-éléments, présents en quantités limitées.
- d'anomalies génétiques responsables d'un mauvais codage d'une protéine soit de nature enzymatique antioxydante, soit synthétisant un antioxydant (comme le gamma glutamyl synthétase produisant le glutathion), soit régénérant un antioxydant, soit d'un promoteur de ces mêmes gènes que la mutation rendra incapable de réagir à un excès de radicaux.

Généralement, le stress oxydant est la résultante de plusieurs de ces facteurs et se produit dans un tissu et un type cellulaire bien précis, objet de la défaillance et non pas dans tout l'organisme.

C - Les dérivés actifs de l'oxygène

1. Définition de radical libre :

Il s'agit d'un atome ou d'une molécule qui contient un (ou plusieurs) électron(s) non paire(s), comme conséquence de la perte d'un (ou plusieurs) électron(s) de l'orbite externe, aboutissant à la formation d'une demi liaison qu'il faut satisfaire par un pillage local d'électron(s) (Halliwell et Gutteridge, 1999).

Les radicaux libres réagissent avec les tissus voisins causant des lésions oxydatives par extension de proche en proche, lésant les acides nucléiques, les lipides, les protéines et les hydrates de carbone. Les espèces réactives de l'oxygène peuvent être des radicaux libres (O_2^-: anion super oxyde, **OH** : radical hydroxyle) ou des molécules non radicalaires mais néanmoins hautement instables (O_2 singulet). La plupart des radicaux libres proviennent de la chaîne respiratoire, du NADPH et de l'activité de la xanthine oxydase. Alors que les espèces réactives du NO sont essentiellement produites par la NO-synthase. La production d'espèces réactives de l'oxygène et les principaux moyens de neutralisation sont schématisés sur la **(Fig.7)**.

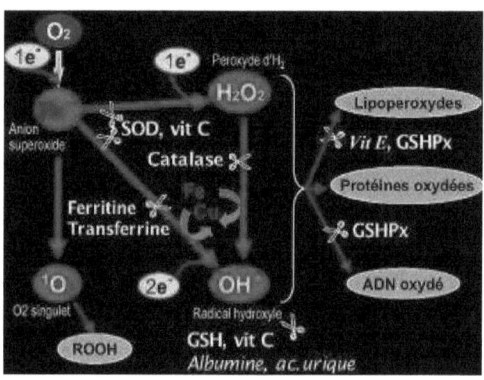

Figure7 : **Production et neutralisation des espèces réactives de l'oxygène (Berger., 2003).**

La production de radicaux libres est donc largement physiologique : elle est déterminée, dirigée, et utile. Parmi les exemples les plus communs, on peut citer la production de super oxyde pendant la phagocytose et la libération de NO par l'endothélium, qui constitue un des mécanismes de régulation du tonus vasculaire. Les radicaux libres interviennent également dans la signalisation cellulaire.

Bien que physiologique, la production de radicaux libres peut être accidentelle et potentiellement délétère, comme par exemple la fuite d'électrons de la chaîne respiratoire mitochondriale, ou ceux résultant de l'auto oxydation des catécholamines. Cette production radicalaire provoque des dommages si elle est prolongée ou incontrôlée, dépassant les capacités de neutralisation de l'organisme. D'autres productions sont anormales, pathologiques et sans objectif physiologique, comme par exemple celles résultant de la fumée de cigarettes, des polluants, de l'ozone ou survenant lors d'ischémie–reperfusion tissulaire.

2. Formation des dérivés actifs de l'oxygène (Fig.8)

Les ROS peuvent être formés dans la cellule par des voies non enzymatiques ou enzymatiques, la principale source ; étant la réduction d'une molécule d'O_2 en radical anion superoxyde (O_2^-).

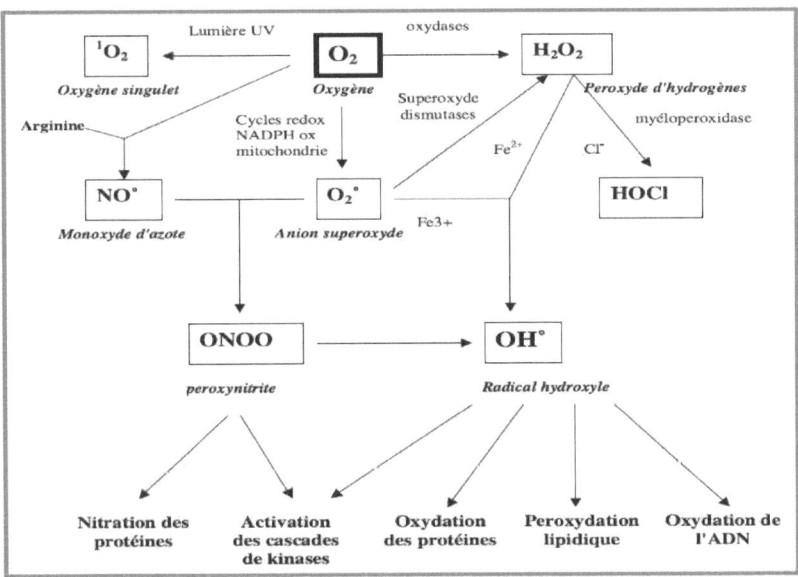

Figure 8 : Origine des différents radicaux libres oxygénés et espèces réactives de l'oxygène impliqués en biologie (FAVIER., 2003)

Cette réaction semble surtout être catalysée par des NADPH oxydases membranaires (WOLIN., 1996), qui sont généralement des chaînes de transport d'électrons constituées de flavoprotéines, cytochromes et quinones, la réaction globale est la suivante :

$$\text{NADPH} + 2\,O_2 \xrightarrow{\text{NADPH-OXYDASE (enzyme)}} \text{NADP}^+ + 2\,O_2^- + H^+$$

L'O_2^- peut également être formé dans certains organites cellulaires tels que les peroxysomes, via la conversion de l'hypoxanthine en xanthine, puis en acide urique, catalysée par la xanthine oxydase, et les mitochondries lors d'un dysfonctionnement de la chaîne respiratoire (Wolin, 1996). Une fois formé O_2^- peut être neutralisé par un H^+ et transformé en radical hydroperoxyle HOO ou réagir avec le NO (diminuant ainsi la disponibilité de NO et donc la vasorelaxation endothélium-dépendante) pour former l'anion peroxynitrite (ONOO⁻), Celui-ci peut nitrer des protéines au niveau des résidus tyrosines ou engendrer un radical nitrite NO_2 et un radical hydroxyl (HO) **(fig. 9)**.

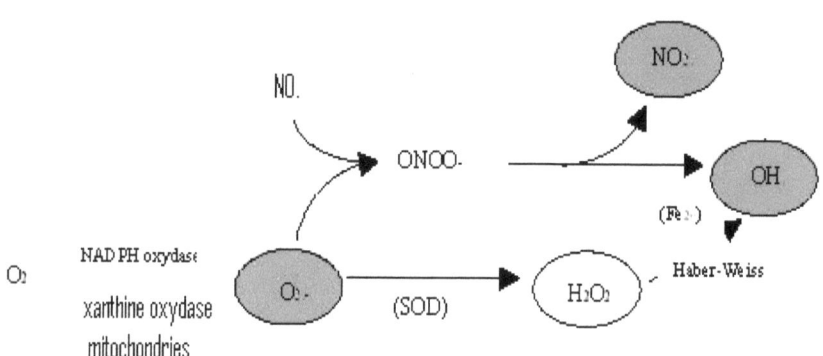

Figure 9 : Production de ROS dans la cellule (CAROLINE.; 2003)

Le peroxyde d'hydrogène (H_2O_2) est une espèce stable, mais diffusible et avec une durée de vie compatible avec une action à distance de son lieu de production. Le peroxyde d'hydrogène est formé secondairement par la dismutation de l'anion super oxyde **(Wolin, 1996)** :

$$2\,O_2^- + 2\,H^+ \xrightarrow{\text{(SOD)}} H_2O_2 + O_2$$

La dismutation d'O_2^- spontanée ou catalysée par les superoxydes dismutases est la source majeure de H_2O_2. De plus, H_2O_2 est aussi produit *in vivo* par différentes oxydases, incluant les aminoacides oxydases et la xanthine oxydase. Le peroxyde d'hydrogène n'est pas un radical libre mais a la capacité de générer des radicaux hautement réactifs, ainsi il peut être réduit suivant la réaction d'Haber-Weiss en un ion OH^- inoffensif et un radical hydroxyle $HO^{\cdot}$ plus agressif :

$$H_2O_2 + O_2^{-} \longrightarrow O_2 + OH^- + HO^{\cdot}$$

Cette réaction est lente et probablement inopérante dans les tissus vivants. En revanche, la réaction de Fenton, qui nécessite l'intervention d'ions Fe^{2+}, se produit *in vivo*. Elle met en jeu la capacité du peroxyde d'hydrogène à oxyder des composés aromatiques en présence de fer :

$$H_2O_2 + Fe^{2+} \longrightarrow HO^{\cdot} + HO^{-} + Fe^{3+}$$

Le radical hydroxyle a une demi-vie extrêmement courte ($10^{-9}S$) et une capacité à diffuser restreinte. Il peut réagir avec un certain nombre de molécules comme les lipides organiques en enlevant ou en ajoutant une molécule d'hydrogène sur les liaisons insaturées.

D - Les cibles des dérivés actifs de l'oxygène

1. Les cibles lipidiques

Les acides gras polyinsaturés sont les cibles privilégiées des ROS radicalaires en raison de leurs hydrogènes bis-allyliques facilement oxydables. Plus l'acide gras est insaturé et plus il est susceptible d'être peroxydé, c'est à dire dégradé par un processus oxydant non enzymatique.

a. La peroxydation non enzymatique

Il s'agit d'un enchaînement de réactions radicalaires organisées en trois phases successives : l'initiation, la propagation et la terminaison (HALLIWELL & GUTTERIDGE., 1999). La phase d'initiation consiste en la création d'un radical d'acide gras R. à partir d'un acide gras RH par soustraction d'un atome d'hydrogène (H.). Cette déshydrogénation peut être provoquée par un initiateur radicalaire tel que $HO^{\cdot}$ ou $HOO^{\cdot}$. Le radical lipidique R subit ensuite un réarrangement moléculaire pour donner un radical avec une structure de diène conjugué, plus stable, qui peut réagir avec une molécule d'O_2 et former un radical peroxyle ($ROO^{\cdot}$). Ce radical est suffisamment réactif pour arracher à nouveau, un H d'un acide gras polyinsaturé voisin, propageant ainsi la réaction. L'hydroperoxyde lipidique (ROOH) formé peut être oxydé en présence de Fe^{2+} ou Cu^{2+} et entraîner la formation d'alcanes et d'aldéhydes.

La réaction en chaînes peut être interrompue (phase de terminaison) par l'association de deux radicaux libres et la formation d'un composé stable ou le plus souvent par la réaction du radical avec une molécule antioxydante **(fig.10)**.

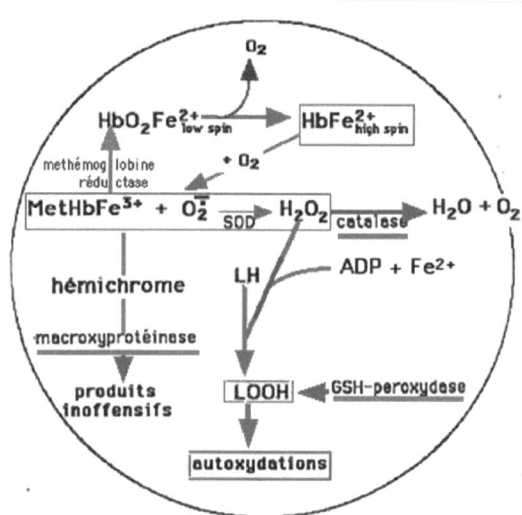

Figure 10 : La peroxydation lipidique non enzymatique (FAVIER., 2003).

b. Les conséquences de la peroxydation lipidique :

La peroxydation lipidique spontanée s'avère toujours néfaste (HALLIWELL et GUTTERIDGE., 1999 ; KÜHN et BORCHERT., 2002). Dans les conditions physiologiques anormales, elle reflète la toxicité de l'oxygène et elle a plusieurs conséquences telles que :

- la présence d'un groupement peroxyle perturbe les interactions hydrophobes lipides/lipides et lipides/protéines, ceci conduit à des altérations structurales des membranes et des lipoprotéines.
- la fluidité des membranes est diminuée et la perméabilité est augmentée. Des enzymes et des récepteurs membranaires sont susceptibles d'être inactivés.

- les hydroperoxydes lipidiques sont à leur tour la source de radicaux libres qui peuvent induire des modifications secondaires des autres membranes et/ou des constituants des lipoprotéines.

Ceci met en péril l'intégrité des organites et/ou de la cellule et peut conduire à une lyse des organites et de la cellule.

2. Les cibles non lipidiques

La production excessive de radicaux libres est responsable de lésions directes de molécules biologiques (oxydation de l'ADN, des protéines, des glucides), mais aussi de lésions secondaires dues aux caractères cytotoxiques et mutagènes des produits libérés, notamment lors de l'oxydation des lipides.

Les acides aminés comme la méthionine, la lysine et les acides aminés aromatiques peuvent être oxydés de façon irréversible, ce qui modifie la structure des protéines et peut altérer leurs antigénicités ou leurs activités. Les protéines modifiées deviennent généralement plus sensibles à l'action des protéases et sont donc éliminées. L'oxydation de la cystéine est réversible mais peut également perturber les fonctions biologiques du glutathion (GSH) ou de certaines protéines (DAVIES et al., 1999).

Les ADN nucléaire et mitochondrial constituent une cible cellulaire importante. Les attaques radicalaires au niveau des désoxyriboses ou des bases puriques et pyrimidiques peuvent conduire à leur oxydation ainsi qu'à des coupures mono- ou double-brin de l'ADN, responsables éventuellement de mutations pouvant aboutir à la mort cellulaire (IMLAY et LINN., 1988 ; ZASTAWNY et al., 1998). De puissants systèmes de réparation (glycosylases, endonucléases) permettent d'assurer dans la plupart des cas la conservation du génome.

Le glucose peut s'oxyder dans des conditions physiologiques en présence de traces métalliques en libérant des cétoaldéhydes, H_2O_2 et HO. Son oxydation entraîne la coupure de protéines et leur glycation par attachement du cétoaldéhyde (WOLFF et al., 1989).

E - Les marqueurs biologiques du stress oxydant

1. La péroxydation lipidique

A la suite d'un stress oxydant se forment les lipopéroxydes (HALLIWELL et al., 1992), parmi les quels nous pouvons citer :

- le malonedialdéhyde (MDA) qui résulte de la fragmentation des acides gras polyinsaturés peroxydés. Ce dérivé forme un composé rose avec l'acide thiobarbiturique (SAHNOUN et al., 1997).

- des hydrocarbures à courtes chaînes (éthane, pentane) dans l'air expiré se forment également par fragmentation des hydroperoxydes lipidiques, mais leurs sources semblent être spécifiques et ils ne sont pas métabolisés (SAHNOUN et al., 1997).

- des hydroxy-alkénals, produits de décomposition des lipoperoxydes, tels que le 4-hydroxynonénal qui sont cytotoxiques à concentrations nano molaires (SAHNOUN et al., 1997).

2. Protéines de stress

A l'origine, les protéines de stress de mammifères ont été divisées en deux groupes, en fonction de leur mode d'induction : les Heat shock protéines (HSP) induites par la température et les glucose-regulated protéines (GRP) induites par un manque de glucose.

En fait, la plupart de ces protéines sont exprimées de façon constitutive dans les cellules normales où elles jouent un rôle fondamental dans d'importants processus biologiques.

La majorité de ces protéines sont des ATP ases appelées « chaperons moléculaires » qui facilitent divers aspects de la maturation ou de la dégradation des protéines dans la cellule.

3. Oxydation de l'ADN

L'identification et la mesure des bases oxydées de l'ADN dans les modèles acellulaires ainsi que dans les liquides biologiques (plasma, urine) sont actuellement bien maîtrisées (DIZDARUGLU., 1994).

F - Les systèmes de protection

1. Les antioxydants enzymatiques

Une part importante des défenses antioxydantes cellulaires est composée d'enzymes tels que : les superoxydes dismutases, la catalase et les glutathion peroxydases (fig.11).

a. Les superoxydes dismutases (SOD)

La SOD est un enzyme antioxydant primaire essentiel qui réagit en défense de l'organisme contre les produits toxiques du métabolisme cellulaire. Il est capable d'éliminer l'anion superoxyde par une réaction de dismutation. Son rôle est de transformer dans les mitochondries, les radicaux superoxydes en peroxydes d'hydrogène, ce dernier, étant beaucoup moins réactif (MOUMEN et al., 1997).

$$2\ O_2^{\cdot-} + 2\ H^+ \xrightarrow{\text{SOD}} O_2 + H_2O_2$$

Il existe différents cofacteurs sur son site actif, qui sont classés par iso enzymes, dont la structure d'ensemble est très bien conservée lors de l'évolution. Les iso enzymes forment un puit hydrophobe au centre de la protéine, dans lequel se glisse l'anion superoxyde. Le mécanisme réactionnel est catalysé par un métal situé au centre de l'enzyme dont la nature permet de distinguer les différentes SOD : la SOD à Cuivre Zinc (CuZn-SOD), possèdent deux sous unités identiques avec une structure moléculaire de 32 kDa, les atomes de Cu et Zn sont liés par un pont dans la position His 61 (BANCI et al., 1998). Les CuZn-SOD sont aussi classées selon leurs rôles dans l'organisme en (cCuZn-SOD) protégeant le cytosol, en (ecCuZn-SOD) située sur la face externe de la membrane des cellules endothéliales, l'espace interstitiel des tissus et les fluides extracellulaires, et (pCuZn-SOD) pour celles présentes dans le plasma sanguin (KAYNAR et al., 2005). La SOD à manganèse (Mn SOD) et au Fer (Fe SOD) sont homologues avec un hème tétramère de 96 kDa qui contient un atome de manganèse ou de fer par sous unité, son rôle biologique est la protection de la mitochondrie (FRIDOVICH., 1998) de même la SOD au nickel (Ni-SOD), protège la mitochondrie (BARONDEAU et al., 2004).

b. Les catalases (CAT)

Les catalases sont présentes dans un grand nombre de tissus mais sont particulièrement abondantes dans le foie et les globules rouges. Parmi les enzymes connus c'est un des plus efficaces.

Ce sont des enzymes tétramériques, chaque unité portant une molécule d'hème et une molécule de NADPH, avec une masse moléculaire de 240 kDa. Elles catabolisent les peroxydes d'hydrogènes en molécules d'eau pour prévenir la formation de radicaux hydroxyles (Matés et *al.*, 1999).

La réaction se fait en deux étapes:

1) $2\ H_2O_2 \xrightarrow{\text{Catalase}} 2H_2O + O_2$

2) $ROOH + AH_2 \xrightarrow{\text{Catalase}} H_2O + ROH + A$

c. Les peroxydases

Ces enzymes ont en commun une structure tétramériques. Chaque tétramère possédant un atome de sélénium dans son site actif, très fortement fixé à la chaîne peptidique, sous forme de sélénocystéine dans la séquence primaire. L'introduction du sélénium se faisant selon un mécanisme particulier dit péri-traductionnel.

- *La glutathion peroxydase à sélénium (GPx)*

La GPx est inactivée par H_2O_2, le terbutylhydroperoxyde, et HO^- quand elle est incubée sans glutathion. L'enzyme natif n'est pas sensible à la trypsine ni à la chymotrypsine. Cet enzyme est de 80 kDa, sa sensibilité à la protéolyse augmente après traitement par des radicaux ou des peroxydes. Le rôle de la glutathion peroxydase à sélénium est très important dans la plupart des tissus où elle réalise la quasi-totalité de l'élimination de H_2O_2 comme dans les globules rouges ou les plaquettes.

$ROOH + 2\ GSH \xrightarrow{\text{GPx}} ROH + GSSG + H_2O$

$H_2O_2 + 2GSH \xrightarrow{\text{GPx}} 2H_2O + GSSG$

- **La glutathion peroxydase cytosolique**

Il s'agit d'un tétramère dont chaque sous unité porte une molécule de sélénocystéine sur son site actif. Le fonctionnement de l'enzyme nécessite un flux de glutathion recyclé par la coopération de plusieurs enzymes dont la glutathion réductase (GR) qui réduit le glutathion oxydé en consommant du NADPH, lui-même régénéré grâce à la glucose 6 phosphate déshydrogénase (G6PDH) alimentée par le shunt des pentose phosphates (MATES et al., 1999).

- **La glutathion peroxydase plasmatique**

La glutathion peroxydase présente dans le plasma et celle présente dans le cytosol sont différentes et proviennent des globules rouges ou des cellules endothéliales, les séquences et le poids moléculaire sont différents, 23 kDa pour la sous unité GPx plasmatique, contre 22 kDa pour la sous unité érythrocytaire.

Le mécanisme d'action est identique, mais il y a un effet plus fort du zinc sur la GPx plasmatique (SOARES., 2005).

- **La glutathion peroxydase membranaire (HPGPx)**

Cette glutathion peroxydase est capable de réduire les peroxydes membranaires, seulement, après action de la phospholipase A_2. Elle agit sur les acides gras hydroperoxydés ; exp : la HPGPx réduit directement les hydroperoxydes du cholestérol, des cholestéryl-esters, et des phospholipides présents dans les membranes des globules rouges oxydées ou des lipoprotéines oxydées.

d. La thiorédoxine (TRX)

Cet enzyme a une structure proche de celle de la glutathion réductase. Il consomme aussi du NADPH dans son fonctionnement. Il joue un rôle protecteur contre une grande variété de stress oxydatifs grâce à ses propriétés de capture des radicaux libres. Des données biochimiques montrent que les thiorédoxines réduisent des protéines clefs pour le développement, la division cellulaire ou la réponse au stress oxydatif (REICHHELD et al., 2005).

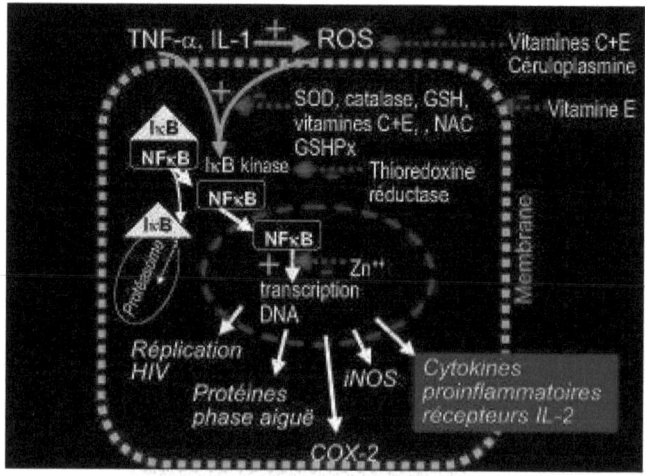

Figure 11 : Les sites d'impact des enzymes et des micronutriments antioxydants (Berger., 2003)

2. Les antioxydants non enzymatiques

Certaines substances ont la propriété de piéger et de détruire les espèces oxygénées réactives. Il s'agit de composés facilement oxydables présents dans le cytoplasme (glutathion, acide ascorbique) ou dans les membranes cellulaires (α-tocophérol, caroténoïdes).

a. Les antioxydants liposolubles

Situés essentiellement au niveau des membranes cellulaires et des lipoprotéines plasmatiques circulantes, ces antioxydants sont capables grâce à leur structure chimique, de réagir directement avec les ROS et d'inhiber ainsi la peroxydation lipidique. Les principaux antioxydants liposolubles appartiennent à la famille des tocophérols ou des caroténoïdes.

- **La vitamine E**

C'est le nom commun utilisé pour toutes les molécules possédant des activités biologiques identiques à celles de la famille des tocophérols. La forme naturelle de la vitamine E inclut quatre tocophérols isomères α, β, γ, δ, avec une activité antioxydante variable. L'alpha- tocophérol (α-TocH) est la forme la plus active de la classe des tocophérols. Sa structure moléculaire comporte une extrémité hydrophile et une extrémité hydrophobe. Il est admis que les radicaux tocophéryles sont régénérés par l'acide ascorbique et que, sans cette synergie, les tocophérols sont inactifs (CARR et al., 2000). Lors de l'initiation de la peroxydation lipidique, suite à une attaque radicalaire, l'α-TocH, connu comme inhibiteur de la propagation lipidique, cède son hydrogène situé dans le noyau phénolique, réduisant ainsi le radical RO_2, et constitue par ce biais le seul antioxydant liposoluble assurant cette protection (KHALIL., 2002).

- **Les caroténoïdes**

Elles forment une grande famille de polyènes conjugués pigmentaires (famille du carotène) dont la capacité antioxydante est similaire à celle des tocophérols. Grâce à leur longue chaîne carbonée, riche en double liaison, elles sont d'excellents piégeurs de radicaux peroxyles et de l'oxygène singulets. Une molécule de caroténoïde peut piéger plusieurs espèces radicalaires avant d'être finalement détruite (STHAL et SIES., 1997).

b. <u>Les antioxydants hydrosolubles</u>
- **La vitamine C**

La vitamine C (ou acide ascorbique) n'est pas synthétisée par l'organisme. Elle est hydrosoluble à la concentration physiologique. La vitamine C empêche l'oxydation des LDL produites par divers systèmes générateurs d'espèces réactives de l'oxygène (ROS) (neutrophiles activés, cellules endothéliales activées, myéloperoxydase).

Lors de son oxydation en acide déhydroascorbique, elle passe par une forme radicalaire intermédiaire (radical ascorbyl) qui joue un rôle essentiel dans la régénération de la vitamine E oxydée (CHEN et al., 2000).

- **Le sélénium**

Le sélénium est un constituant de la glutathion peroxydase, enzyme qui joue un rôle intracellulaire antioxydant, voisin de celui de la vitamine E. Cet effet antioxydant est capital dans la détoxication des radicaux libres produits par le métabolisme cellulaire. Cet effet de détoxication serait responsable des effets anti-cancéreux et anti-vieillissement, attribués au sélénium (WOLTERS et al., 2005).

- **Le zinc**

Cet oligo-élément est un des co-facteurs essentiels de la (SOD). La prise de zinc conduit à long terme à l'induction de protéines antioxydantes comme les métallothionéines. Le zinc protège également les groupements thiols des protéines. Le zinc peut inhiber partiellement les réactions de formation d'espèces oxygénées induites par le fer ou le cuivre (MEZZETTI et *al.*, 1998).

- **Le Cuivre**

Cet oligo-élément est un des co-facteurs essentiels de la SOD. Toutefois au même titre que le fer, le cuivre est considéré comme un métal de transition. Il joue un rôle important dans le déclenchement des réactions conduisant à la formation d'espèces oxygénées activées. Une concentration trop élevée en cuivre par exemple en cas du processus de vieillissement pourra refléter la présence d'un stress oxydant (DEL CORSO., 2000).

- **Le manganèse**

Différents oligo-éléments jouent un rôle catalytique dans le fonctionnement de certaines enzymes antioxydantes. C'est le cas du manganèse pour les superoxydes dismutases. Le rôle biologique de la SOD- Manganèse est la protection de la mitochondrie (FRIDOVICH., 1998).

MATERIEL ET METHODES

I- Animaux et alimentation

1. Animaux et élevage

Des rattes de souche Wistar de poids corporel variant entre 170 g et 180 g et provenant d'un élevage de la Pharmacie centrale de Tunis (SIPHAT), sont soumises en présence de mâles de 20 heures à 7 heures le lendemain matin dans une animalerie maintenue à une température de 21±1°C avec une alternance de 14 heures d'obscurité et de 10 heurses d'éclairement et une humidité relative voisine de 40%. Les femelles dont les frottis vaginaux contiennent des spermatozoïdes, sont considérées comme gestantes (0 j p.c.). Le nombre de petits à la naissance est ajusté en général à 8 par portée et ceci 24 heures après la mise bas afin d'avoir une performance de lactation (FISHECK et RASMUSSEN., 1987).

2. Alimentation et traitements

Ces femelles sont réparties en 2 lots :

✓ **Lot 1** : constitué de 24 rattes témoins qui reçoivent de l'eau distillée comme eau de boisson, ce lot est divisé en 3 groupes :

- Le 1er groupe formé de 8 rattes femelles gestantes **(groupe T)** qui sont soumises à un régime normal d'aliment solide provenant de la Société industrielle de concentré (SICO Sfax) composé de glucide, lipides, protides, vitamines et oligo-éléments **(Tableau IV)**.

- Le 2ème groupe formé de 8 rattes gestantes soumises à une alimentation enrichie à la spiruline à raison de 15% (150 g de spiruline sèche mélangés avec 1 kg de concentré). Cette dose à été choisie d'après l'effet de dose réalisé **(groupe S)**.

- Le 3ème groupe **(P)** formé de 8 rattes gestantes soumises à une alimentation enrichie au pissenlit à raison de 2% (20 g de microsphère de pissenlit « TARAXACUM DENS LEONIS », extrait végétal, 100 g, réf TADL060206 » mélangés avec 1 kg de concentré).(groupe P)

✓ **Lot 2** : constitué de 24 rattes traitées **(M Pb)** qui reçoivent de l'eau renfermant de l'acétate de plomb (0.6%) du 5ème jour de gestation au 14^{éme} jour d'allaitement ; ce lot est divisé aussi en 3 groupes :

- Le 1er groupe formé de 8 rattes gestantes soumises à un régime normal **(groupe Pb)**.
- Le 2ème groupe formé de 8 rattes gestantes nourries d'alimentation contenant de la spiruline à raison de (15 %) **(Groupe S Pb)**.
- Le 3ème groupe formé de 8 rattes gestantes nourries d'alimentation contenant du pissenlit à raison de (2%) **(Groupe P Pb)**.

<u>Tableau IV</u> : Composition de l'alimentation par 100 kg de granulés (société industrielle de concentrés " SICO ", Sfax – Tunisie) :

Composition : blé, son fin, Luzerne, soja, CMV (composé minéral vitaminé).

Propriétés nutritionnelles du CMV kg / 100 kg :

- Humidité (maximale)	14
- Protéines (minimale)	17.5
- Lipides (maximale)	3.5
- Fibres (maximale)	3.5
- Cendres	6.5
- Valeur calorifique	2900 (Kcal/Kg)

Acides aminés kg /100 kg :

- Méthionine (minimale)	0.4
- Cystéines (minimale)	0.31
- Tryonine (minimale)	0.67
- Tryptophane (minimale)	0.21
- Lysine (minimale)	0.94

Suppléments / 100 kg :

- Vit A	10.000 UI
- Vit D	2.500 UI
- Vit H	2.5 g
- Cu	0.8 g
- Flovophospholipol	0.3 g

II - Sacrifice et prélèvement des échantillons

1. Anesthésie des animaux et sacrifice

Les sacrifices des animaux témoins et traités sont réalisés au laboratoire, dans les mêmes conditions que celles de l'animalerie pour éviter tout agent stressant et toujours le matin pour éviter les variations dues au rythme circadien.

Après prise du poids corporel, tous les jeunes rats âgés de 14 jours et leurs mères témoins et traitées sont sacrifiés après anesthésie, par voie intrapéritonéale, à l'aide d'une solution d'hydrate de chloral à 1.8 % et 3,6 % respectivement.

2. Prélèvements des organes

- Des échantillons d'organes notamment de foie, de cerveaux et de cervelets, sont prélevés, pesés et stockés à -30°C pour la réalisation de certaines dosages biochimiques.
- Des cervelets de jeunes rats de certaines familles sont fixés dans une solution de bouin alcoolique afin d'effectuer des coupes histologiques.
- Des fémurs sont prélevés chez les jeunes rats, finement disséqués et pesés. Leurs longueurs sont mesurées. Aussi les fémurs sont ensuite déshydratés à 80°C durant 48 h pour la détermination ultérieure de leurs contenus en éléments minéraux (Ca^{2+} et HPO_4^{2-}) et en plomb.
- Des fémurs de jeunes rats de certaines familles destinés à des études histologiques sont décalcifiés et immédiatement fixés dans le liquide de Bouin aqueux non alcoolique.
- Des échantillons de lait fermenté sont prélevés au 14ème jour au niveau des estomacs des petits et sont conservés à -30°C. Ils vont servir ultérieurement pour le dosage du plomb accumulé et du calcium.

III - Technique de dosage du plomb par absorption atomique

1. Principe

Les techniques spectrométriques à absorption atomique sont basées sur l'état des électrons périphériques d'un atome. Ainsi ce dernier à l'état fondamental est caractérisé par un niveau d'énergie E_o, il est capable d'absorber une radiation d'intensité I_o pour passer à l'état excité caractérisé par un niveau d'énergie E_1. L'énergie reçue est émise sous forme d'une radiation électromagnétique de fréquence définie comme suit :

Avec : h : cte de plank.

       C : célérité de la lumière dans le vide

       γ : Fréquence de la radiation émise.

       λ : Longueur d'onde.

$$E_1 - E_o = h\gamma = hc/\lambda$$

Cette radiation est récupérée à une intensité I_1 plus faible que I_o. La différence entre I_o et I_1 est mesurée par spectrométrie d'absorption atomique.

Cette différence est en relation avec la concentration de l'échantillon à analyser par la relation suivante :

$$\text{Log } I_0/I_1 = A.B.C$$

Avec :   A : Coefficient d'absorption à la longueur d'onde choisie.

          B : Longueur du parcours optique dans le brûleur.

          C : Concentration de l'échantillon en mg/l.

2. Mode opératoire

Les fémurs déshydratés et les extraits stomacaux prélevés au 14ème jour post partum (lait fermenté) sont minéralisés en phase liquide, par la méthode d'attaque acide nitro – perchlorique (2V/ 1V).

Ainsi l'échantillon de l'os ou de l'extrait stomacal préalablement pesé est mis dans un matras de Kjeldhal, auquel on a ajouté 10 ml d'acide nitrique et 5 ml d'acide perchlorique. Les matras sont ensuite placés sur la rampe à minéralisation à une température moyenne (200°C). La fin de la minéralisation est caractérisée par un dégagement de fumées blanches. Après refroidissement, le minéralisât est filtré et le volume est ajusté à 5 ml par l'eau distillée. Un échantillon " blanc " est préparé de la même façon mais avec 1 ml d'eau distillée.

La mesure du taux du plomb dans le filtrat est effectuée à l'aide d'un spectrophotomètre à absorption atomique à effet Zeeman Z – 61000 (marque HITACHI) à une longueur d'onde 283,3 nm.

IV -Techniques de dosage des éléments minéraux

1. Méthode titrimétrique à l'EDTA pour le dosage des ions calcium (Ca^{2+})

a - Principe

La méthode de dosage des ions calcium se fait avec une solution de sel disodique d'acide éthylène diamine tétraacétique (EDTA) à un pH compris entre 12,13.

L'indicateur utilisé est l'acide calcone carboxylique qui forme un complexe rouge avec le calcium. Le magnésium est précipité sous forme d'hydroxyde et n'interfère pas lors du dosage.

Les ions calcium réagissent avec l'EDTA, tout d'abord les ions libres, puis ceux qui se combinent avec l'indicateur qui vire alors de la couleur rouge à la couleur bleue claire.

b- Mode opératoire

A l'aide d'une pipette, introduire 50 ml de l'échantillon minéralisé et dilué dans une fiole conique de 250 ml. Ajouter 2 ml de la solution d'hydroxyde de sodium et environ 0.2 g de l'indicateur acide calcone carboxylique (indicateur).

Dans le cas ou le pH reste inférieur à 12, ajouter la quantité de la solution d'hydroxyde de sodium nécessaire pour amener le pH entre 12 et 13.

Ajouter la solution d'EDTA immédiatement préparée tout en continuant à mélanger jusqu'au virage qui est atteint lorsque la couleur devient nettement bleue. La couleur ne doit plus changer avec l'ajout d'une goutte supplémentaire de la solution d'EDTA.

c - Calcul

La concentration en calcium C (Ca^{2+}), exprimée en milligrammes par litre, est donnée par la formule :

$$C(Ca^{2+}) = \frac{1000 \cdot 40,48 \cdot V_1 \cdot C_1}{V_2}$$

V_1 : est le volume en millilitres de la solution d'EDTA utilisée pour le dosage.

V_2 : est le volume en millilitres d'échantillons dosé (V_2=50 ml).

C_1 : la concentration exprimée en mole par litres de la solution d'EDTA.

2. Méthode pour dosage des ions phosphates (HPO_4^{2-})

a- Principe

En milieu alcalin, le complexe phospho-molybdate est réduit en complexe phosphomolibdique de couleur bleue dont l'intensité est proportionnelle à la concentration en phosphore.

Molybdate d'ammonium + acide sulfurique → complexe phospho-molybdique.

b- Mode opératoire

Pour le dosage, nous avons prélevé 25 ml de l'échantillon minéralisé à pH neutre. Après la réalisation de la dilution, nous avons ajouté 2 ml de la solution d'ammonium molybdate, le mélange est mis pendant 15 minutes à l'obscurité puis la mesure de la densité optique à 880 nm à été réalisé.

V - Techniques histologiques

Au cours de cette étude, nous avons utilisé la technique décrite par (GABE., 1968) comportant les étapes suivantes :

- Fixation : la fixation des cervelets est faite dans le bouin alcoolique **et** celle de fémurs décalcifiés dans le bouin aqueux durant 48 h.
- Déshydratation : elle est réalisée dans des bains d'alcool :
  - 3 bains d'alcool éthylique 70° de 2 h chacun.
  - 1 bain d'alcool éthylique 95° de 1h.
  - 3 bains d'alcool butylique de 3 h chacun.
- Inclusion : Elle est réalisée dans une étuve préalablement réglée à une température comprise entre 58 et 60°C dans les bains suivants :
  - Butyle paraffine : pendant 2h.
  - Paraffine pendant 2 h 30.
  - Paraffine pure et filtrée (3h puis une nuit).
  - La mise en blocs des cervelets et des fémurs dans de la paraffine se fait le matin.

- Préparation des coupes : les coupes sont réalisées à l'aide d'un microtome à une épaisseur de 6 µm. Elles sont ensuite collées par de l'albumine glycérinée, sur des lames préalablement nettoyées à l'alcool éthylique.
- Déparaffinage des coupes : il se fait sur plaque chauffante puis avec 2 bains de toluène (2x 15 min) et 2 bains d'alcool absolu 100° (2 x 5 min). Les coupes sont ensuite réhydratées par des rinçages, une fois à l'eau de robinet puis 2 fois à l'eau distillée.

Pour la coloration, nous avons utilisé deux techniques.

1. Coloration à l'hématoxyline – éosine

Les lames sont trempées durant 5 min dans un bain d'hématoxyline (Merck) qui colore en bleu violacé les structures basophiles (noyaux). Après lavage à l'eau de robinet, elles sont plongées 2 fois dans un bain de HCl 1% pour différencier les coupes et obtenir une coloration rose, ensuite on pratique deux lavages successifs des lames à l'eau de robinet (2 à 3 min chacun).

Afin d'obtenir une coloration bleue des coupes, les lames sont trempées pendant environ 3 min dans un bain de carbonate de lithium (solution saturée). Un autre lavage à l'eau de robinet est suivi d'un bain d'éosine (phyloderm) où les lames sont trempées pendant 5 min. Le dernier lavage à l'eau de robinet est effectué, avant que les coupes colorées ne soient déshydratées en passant par deux bains d'alcool 100 (2 x 5 min) et 2 bains de toluène (2x15 min).

2. Coloration par le rhodizonate

Cette coloration permet de détecter les dépôts de plomb qui seront colorés en brun foncé (TUNG et TEMPLE., 1996).

Ainsi les coupes réhydratées sont placées pendant 40 minutes, à la température ambiante, dans une solution à pH 3 de rhodizonate 0,5 %, puis elles sont lavées à l'eau distillée et trempées ensuite dans du tampon tartrique durant 2 à 5 min.

Le fond de ces coupes sera coloré par l'hémalun (2 à 5 min). Ce bain est suivi d'un lavage à l'eau courante jusqu'au virage au bleu foncé (2 à 5 min).

La déshydratation de ces coupes se fait par 2 bains d'alcool absolu (2 x 5 min) et un bain de Toluène.

Pour les deux types de colorations, le collage des lamelles sur les lames renfermant les coupes est assuré à l'aide du baume de Canada. Les préparations sont ensuite séchées dans une étuve à 20°C pendant une semaine, puis observées au microscope optique (Leitz Dialux E22) et photographiées à l'aide d'un appareil photo (Leica Wild MP 48).

VI- Dosages biochimiques

1. Extraction de cytosol

Les échantillons de foie, de cerveaux et de cervelets sont broyés à 4°C dans 2ml du TBS à l'aide d'un homogéniseur Ultra-turax, les contenus des tubes sont centrifugés à 9000 tours/min à froid durant 20 minutes, afin de récupérer le cytosol (surnageant), qui sera conservé en aliquotes à -30°C pour le dosage des protéines, des TBARS tel que le MDA (malonedialdéhyde) et des activités des enzymes antioxydants (SOD, Catalase et GPx).

2. Dosage des protéines

Les taux de protéines des extraits de foie, de cerveaux et de cervelets sont réalisés selon la technique de Lowry et *al., (1951)*.

a- Mode opératoire

Dans des tubes en plastique, on introduit dans l'ordre :

- 0.2 ml d'extrait de foie, de cerveaux et de cervelets.
- 2 ml du mélange réactionnel composé de : Na_2CO_3 2% dans Na OH 0.1N (4g/l); tartrate double de Na et de K 2% et $CuSO_4$ 1% dans les proportions (50V/1V/1V).
- 0.2 ml de réactif de FOLIN (Sigma) préalablement dilué au ½ avec l'eau distillée et maintenu à 4°C à l'obscurité.

Après agitation, les tubes sont mis à l'obscurité à la température ambiante pendant 30 minutes. Le réactif de Folin produit ainsi un complexe soluble, de couleur bleue, dont l'absorbance est mesurée à 490 nm.

b- Calcul

Les taux de protéines sont calculés en µg/ml d'extrait en se référant à la courbe d'étalonnage (de 125µg à 500µg de protéines) réalisée avec une solution de sérum albumine bovine (BSA) à 0.5 mg/ml.

Cette courbe est de la forme " $y = ax+b$ "

Avec : $y = DO$

x = concentration en protéines en µg/ml

La concentration de protéines est convertie en mg /ml pour le calcul des activités enzymatiques.

3. Dosage des TBARS (le Dialdéhyde Malonique) par Colorimétrie

Le dialdéhyde malonique ou MDA est le marqueur le plus utilisé en peroxydation lipidique, notamment par la simplicité et la sensibilité de la méthode de dosage. Le MDA libre n'est pas ou peu mesurable car il disparaît rapidement par formation d'adduits. La méthode de mesure repose donc sur une libération en milieu acide du MDA fixé (**YAGI., 1976**). Cette technique colorimétrique n'est pas spécifique du MDA, elle donne en plus, d'autres produits conjugués de la lipopéroxydation groupés sous le nom de TBARS.

a- Principe

Après traitement acide à chaud, les aldéhydes ou TBARS (produits finaux de la peroxydation: comme le malonedialdéhyde (MDA)) réagissent avec le TBA (acide thiobarbiturique) pour former un produit de condensation chromogénique consistant en 2 molécules de TBA et une molécule de MDA. L'absorption intense de cet adduit (=530 nm) rend cette mesure très sensible (ESTERBAUER., 1993).

b- Mode opératoire

Les étapes de dosage sont présentées dans le tableau suivant :

Volume (µl)	Blanc	Essais
Surnageant (S9)	0	375
TBS (solution C_1)	375+150	150
TCA-BHT (solution C_2)	375	375
Agiter au vortex puis centrifuger à 1000 tours par minutes pendant 10 min		
Surnageant	400	400
HCl (0.6M)	80	80
Tris-TBA (solution C_3)	320	320
Agiter au vortex et incuber à 80° C pendant 10 min		

Lectures de la DO à 530 nm

c- Calcul

La concentration de MDA a été calculée suivant la loi de Beer-Lambert (DO = ϵ .l.C).

$$C = \frac{Do.10^6}{\epsilon.l.X.Fd}$$

C = concentration du taux de MDA en nmoles/mg de protéines ;

DO = Densité Optique mesurée à 530nm ;

ϵ = coefficient d'extinction molaire du MDA = $1.56.10^5$ mol^{-1} cm^{-1} l^{-1} = $1.56.10^5$ mmol^{-1}.cm^{-1}.ml^{-1}

L = largeur du trajet optique = 0.776cm ;

X = concentration du cytosol en protéine (mg /ml) ;

Fd = facteur de dilution = 0.2080 ; Fd = $(V_{s1}.V_s) / (V_f.V_F)$

Avec :

V_{s1} : volume de prise de l'échantillon (375µl)

V_s : volume prélevé du surnageant (400µl).

V_f : volume final à l'incubation à 80°c (800µl)

V_F : volume final intermédiaire à la centrifugation (900µl).

10^6 : pour transformer de mmole en nmole

4. Mesure de l'activité catalase

a- Principe

Les catalases sont des enzymes tétramériques, intervenant dans la défense de la cellule contre le stress oxydant en éliminant les espèces oxygénées réactives et en accélérant la réaction spontanée d'hydrolyse du peroxyde d'hydrogène (H_2O_2) (AEBI., 1974).

$$2 H_2O_2 \xrightarrow{catalase} 2 H_2O + O_2$$

b- Mode opératoire

Les extraits des échantillons sont traités selon le tableau suivant :

	Essai (µl)	*Blanc (µl)*	*Zéro (µl)*
Tampon HPO$_4$ (1000 mM ; pH = 7.5)	780	780	1000
H$_2$O$_2$ (500 mM)	200	200	0
S9 (1 à 1.5mg protéine/ml)	20	0	0

La lecture se fait à 240 nm toutes les 15 secondes durant une minute.

c- Calcul

L'activité catalase, exprimée en µmol H_2O_2/mn/mg protéine, est calculée selon la formule suivante :

Avec :
$$\text{Activité catalase} = \frac{\Delta DO/mn}{(\varepsilon . L . X . 0,02)}$$

ε : Coefficient d'extinction = 0,043 mmol cm^{-1} L^{-1} = 0,043 µmol cm^{-1} mL^{-1}
L : Longueur de la cuve= 1 cm
Fd : facteur de dilution de H_2O_2.
X : Concentration de protéines en mg/mL.
0,02 : pour convertir l'activité de 20 µl à 1000 µl

$$\Delta DO/mn = \frac{(A_I - A_F) \times 4}{3}$$

Avec : A_I = densité optique à 15′
A_F = densité optique à 60′

MATERIEL ET METHODES

Ces valeurs donnent l'activité catalase exprimée en «unité catalase», une unité étant la quantité de catalase qui hydrolyse 1 µmole de H_2O_2 par minute.

La molarité de la solution de H_2O_2 est déterminée pour chaque série de dosages de la façon suivante :

$$N_1V_1 = N_2V_2 \quad \Longrightarrow \quad N_2 = \frac{N_1V_1}{V_2}$$

Avec :
N_1 : Molarité du thiosulfate de sodium
V_1 : Volume de thiosulfate de sodium
N_2 : Molarité d'H_2O_2 recherchée
V_2 : Volume d'H_2O_2 utilisé dans la réaction avec le thiosulfate de sodium
La molarité M est égale à $N_2/2$;
A partir de cette molarité, on prépare une solution fille à 500 mM de H_2O_2.

5. Dosage de l'activité SOD par la méthode à la riboflavine

a- Principe

La méthode de dosage de l'activité SOD par le test NBT " nitroblue tetrazolium " est une méthode de photo réduction de la complexe riboflavine / méthionine qui génère des anions superoxydes $O_2^{\cdot-}$. L'oxydation du NBT (ou MMT) par l'anion superoxyde O_2^{-} est utilisé comme base de détection de la présence de SOD (ASADA et al., 1974). Dans un milieu aérobie, le mélange riboflavine, méthionine et NBT donne une coloration bleue.

La présence de SOD inhibe l'oxydation du NBT.

b- Mode opératoire

Les échantillons d'extraits d'organes (foie, reins ou testicules) déjà préparés vont être utilisés pour le dosage de la SOD. Le tableau suivant résume des différentes étapes :

Volume (µl)	*Blanc (total)*	*Essais*
EDTA-Meth	1000	1000
TPO$_4$ (50Mm)	892.2	842.2
Echantillon	0	50
NBT	85.2	85.2
Riboflavine	22.6	22.6

MATERIEL ET METHODES

Incubation à la lumière (lampe) pendant 20 min ;

→ Lire la DO à 580 nm.

Un tube et préparé de la même manière que le blanc est mis à l'obscurité pendant 20 minutes sert pour l'étalonnage du spectrophotomètre.(zéro du spectro).

c- Calcul
Activité SOD en pourcentage d'inhibition / mg de protéines :

$$Y = \frac{[(DO_{BL} - DO_c) \times 100] \times 20/c}{DO_{BL}}$$

Avec : DO_{BL} = DO du blanc à la lumière.

DO_c = DO d'échantillon à la lumière.

C = Concentration des protéines en (mg/ml).

20 = pour convertir l'activité de 50 µl à 1000 µl.

Activité SOD en U SOD /mg de protéines = Y/50 ; sachant qu'une U SOD correspond à 50 % d'inhibition.

6. Dosage de GSH-peroxydase (GSH-Px)

a- Principe
L'activité de la GSH-Px est mesurée par la technique de FLOKE et GUNZLER (1984) modifiée, utilisant le H_2O_2 comme substrat. En effet, la diminution du taux de GSH réduit, en présence de H_2O_2, est utilisée comme base de détection de l'activité enzymatique GSH-Px et ceci en se référent à la réaction non enzymatique. L'équation de la réaction est la suivante :

$$H_2O_2 + 2\ GSH \xrightarrow{GSH-Px} GSSG + 2\ H_2O$$

b- Mode opératoire
Les extraits des échantillons (foies, cerveaux et cervelets), sont traités selon les tableaux suivants :

Solutions	Blanc (µl)	Essai (µl)
Echantillon	/	200
GSH (0,1 mM)	400	400
KNaHPO$_4$ (67 mM)	400	200
Bain-marie à 25°C pendant 5 mn		
H$_2$O$_2$ (1,3 mM)	200	200
Laisser agir 10 mn		
Arrêter la réaction par l'ajout de TCA 1% (1000 µl)		
Laisser agir 30 mn puis centrifuger 10 mn à 3000 tours / mn		
Surnageant	480	480
Na$_2$HPO$_4$ (0,32 M)	2200	2200
DTNB (1 mM)	320	320

→ Lire la DO à 412 nm dans les 5 minutes qui suit l'ajout du DTNB.

c- <u>Calcul</u>

Activité en µmol GSH réduit / mg de protéines / min :

$$Y = \frac{DO_B \cdot X \cdot 10}{(DO_E - DO_B) \cdot 0{,}04 \cdot 5}$$

Avec :

- **DO$_B$** : DO du blanc
- **DO$_E$** : DO d'échantillon
- **10** : temps de réaction
- **X** : Concentration de protéines en mg /ml
- **0.04** : Quantité initiale de GSH par tube
- **5** : Pour convertir l'activité par 1 ml.

VII- Traitement statistique des résultats :

> Calcul de la moyenne et de l'erreur standard :

Les résultats sont représentés sous forme de moyennes avec leurs erreurs standard (Moyenne + SEM) (LISON., 1958)

> Test de signification :

Les analyses statistiques sont effectuées pour une probabilité définie selon le test de la variable " t " de Student, (LISON., 1958).

- Si " t " calculée ≥ " t " théorique 1% c à d $P \leq 0,01$: on dit que la différence est hautement significative [**].
- Si " t " calculée ≥ " t " théorique 5% c à d $P \leq 0,05$: on dit que la différence est significative [*].
- Si " t " calculée < " t " théorique 5% c à d $P > 0,05$: la différence n'est pas statistiquement significative.

Des études ont montré que la gestation et la lactation sont des périodes critiques pour les statuts nutritionnel (JONES et *al.*, 1984 ; PASSOS et *al.*, 2000) et hormonal (COLEONI et *al.*, 1983 ; MOURA et *al.*, 1987) de la future progéniture.

La croissance corporelle est influencée par de nombreux facteurs propres à l'organisme tels que l'équilibre hormonal entre l'hormone de croissance (GH=Growth hormone ou STH = Somatotropic hormone), les hormones thyroïdiennes et les hormones sexuelles. La variation des taux de ces hormones est contrôlée par le complexe hypotalamo- hypophysaire et par l'apport alimentaire en substances organiques et en éléments minéraux tel que l'iode. Cependant d'autres facteurs d'ordre environnemental peuvent influencer cette croissance telle que les agents polluants comme les métaux lourds.

Le présent travail a pour objectif d'étudier :

> ➤ L'impact de l'acétate de plomb administré aux rattes par voie orale du 5ème jour de gestation jusqu'au 14ème jour post partum sur la croissance corporelle et du poids de foie des jeunes rats.
> ➤ L'effet de l'administration de 15% de spiruline ou de 2 % de pissenlit dans l'alimentation des rattes traitées par le plomb sur ces deux paramètres.

Résultats

1. Effet sur le poids corporel

L'administration par voie orale d'une dose de 0.6% d'acétate de plomb à des rattes gestantes dès le 5ème jour post-coïtal (groupe M Pb) a provoqué chez ces animaux une diminution de 7.28% de leur poids corporel (Fig.12) accompagnée d'une diminution de 24.82 % de la prise alimentaire et une augmentation de 30% de la boisson et ceci comparativement à des rattes témoins (Tableau 5). De même leurs progénitures mâles et femelles montrent respectivement une diminution de 9.70 et 9.63% de leurs poids corporels. Ceci pourrait être dû à une diminution de la quantité et/ou de la qualité du lait.

Le poids corporel des mères traitées par la spiruline (MS) augmente de 10.64% malgré la diminution de 36.44% de la prise alimentaire. Ceci pourrait être expliqué par le fait que cette algue est très riche en protéines. Les jeunes rats mâles et femelles âgés de 14 jours issus de ces mères ont presque le même poids que les témoins.

L'addition de la spiruline dans l'alimentation des mères traitées par le plomb induit une amélioration de leurs poids corporels et ceux de leurs descendants mâles et femelles, ceci pourrait être dû à la quantité et/ou à la qualité du lait reçue par ces jeunes rats.

La figure 12 montre également que les poids corporels des mères nourries par une alimentation contenant 2 % de pissenlit en absence ou en présence de plomb dans l'eau boisson (groupe MP et MP Pb) ne montrent pas de variations significatives par rapports aux témoins. Donc le pissenlit est susceptible de protéger les rattes de la chute du poids provoquée par le plomb. Toutefois, chez leurs descendants la chute de poids provoquée par le plomb n'est pas améliorée par le pissenlit. On note aussi que la quantité de prise alimentaire des mères appartenant à ces deux groupes est presque la même que celle des témoins sauf qu'elles ont bu plus d'eau puisque leur consommation a augmenté respectivement de 33.77% et 43.568% par rapports à celles des témoins.

Il semble donc que le pissenlit n'a pas d'effet sur l'amélioration de la croissance corporelle des jeunes rats mâles et femelles âgés de 14 jours issus de mères soumises au plomb.

2. Action sur le contenu stomacal

Le plomb administré chez les mères gestantes, induit chez les jeunes rats mâles et femelles âgés de 14 jours une accumulation de ce métal au niveau du lait qui dépasse respectivement 4 et 5 fois celui des rats de même âge. Ce dépôt est accompagné d'une diminution hautement significative du taux de calcium dans le lait ce qui explique le retard de la croissance de ces jeunes rats.

La consommation de 30g de spiruline/ kg de PC ou de 4g de pissenlit/ kg de PC par les mères allaitantes et traitées par l'acétate du plomb induit une diminution du taux de Pb dans le lait de l'ordre de 70% accompagnée d'une augmentation du taux de Ca^{2+} de presque 2 fois par rapport au groupe Pb sans atteindre celui des témoins.

Le tableau 6 montre aussi que l'administration de spiruline ou du pissenlit aux mères n'ayant pas reçu de plomb n'induit pas des variations du contenu du lait en Pb et en Ca^{2+} comparativement aux témoins.

3. Action sur le poids de foie

Après ingestion des mères gestantes et allaitantes d'eau renfermant 0.6% d'acétate de plomb dès le 5ème jour de gestation, il y a une diminution hautement significative du poids absolu de foie de 14% et 15% chez les jeunes rats mâles et femelles âgés de 14 jours (fig. 13). Cette diminution est accompagnée par une réduction de 70 % de la quantité de protéines hépatique (Fig.14).

L'addition de 15% de spiruline dans l'alimentation des mères traitées par le plomb permet de récupérer les dommages induits par ce métal sur leurs progénitures puisque les valeurs des poids et des contenus en protéines hépatiques retrouvent celles des témoins.

Les figures 13 et 14 montrent que l'effet protecteur du pissenlit contre l'effet du plomb sur les poids et les contenus protéiques hépatiques n'est que partiel.

CHAPITRE I

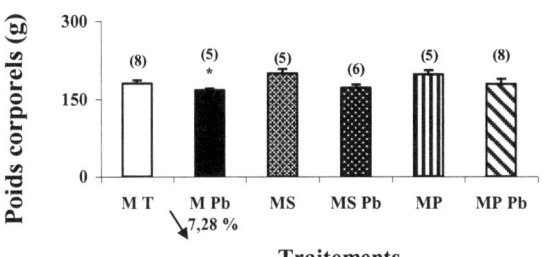

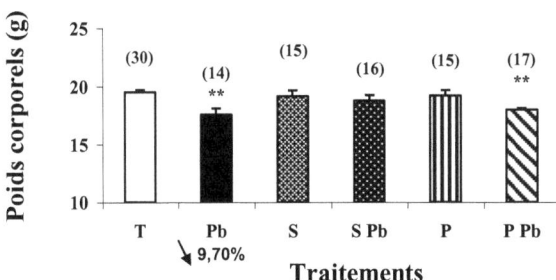

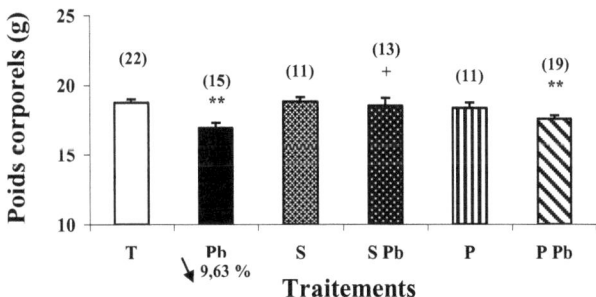

<u>**Figure 12:**</u> **Poids corporels (g) des jeunes rats mâles et femelles âgés de 14 jours et de leurs mères témoins (T) , nourris de 15% de spiruline, ou de 2% de pissenlit et traitées par l'acétate de plomb dès le 5ème jour de gestation (Pb) et reçevant une alimentation riche en spiruline (S Pb) et du pissenlit (P Pb) .**
          (n) : nombre de déterminations
             * : $p \leq 0.05$ par comparaison avec les rats témoins (T)
            ** : $p \leq 0.01$ par comparaison avec les rats témoins (T)
            + : $p \leq 0.05$ par comparaisons avec les rats du groupe Pb

CHAPITRE I

Tableau 5: Consommations quotidiennes en aliment solide et en boisson par des rattes gestantes et allaitantes témoins (MT), nourris de 15% de spiruline (MS), ou de 2% de pissenlit (MP) et traitées à l'acétate de Pb (MPb) du 5ème jour de gestation jusqu'au jour du sacrifice (14 jours post partum) et recevant une alimentation riche en spiruline (MS Pb) et du pissenlit (MP Pb).

(n) : nombre de déterminations
* : p≤ 0.05 par comparaison avec les rats témoins (T)
** : p≤ 0.01 par comparaison avec les rats témoins (T)

Paramètres et traitement	Aliment solide (g/j)	Boisson (ml/j)
MT	37,78±4,254	70,184±7,855
	(n=8)	(n=8)
M Pb	28,4±2,448	91,260±5,190
	*	*
	(n=8)	(n=8)
M S	24,010±1,523	82,770±3,813
	**	
	(n=8)	(n=8)
MS Pb	24,850±1,620	86,815±5,287
	**	
	(n=8)	(n=8)
M P	36,706±5,056	105,982±9,960
		**
	(n=8)	(n=8)
MP Pb	32,775 ±2,923	100,762±0.746
		**
	(n=8)	(n=8)

CHAPITRE I

<u>Tableau 6</u> : Contenus des minéralisât de lait stomacal en Pb (mg/g de poids frais) et Ca^{2+} (µg/g de poids frais) chez des jeunes rats âgés de 14 jours et issus de mères témoins (T) et traitées à l'acétate de plomb (Pb), spiruline (S) et pissenlit (P) dés le 5ème jour de gestation.

(n) : nombre de déterminations
* : p≤ 0.05 par comparaison avec les rats témoins (T)
** : p≤ 0.01 par comparaison avec les rats témoins (T)
+ : p≤0.05 par comparaison avec les rats du groupe Pb
++: p≤ 0.01 par comparaison avec les rats du groupe Pb

	Mâles		*Femelles*	
	Pb	**Ca^{2+}**	**Pb**	**Ca^{2+}**
T	1,237±0,641 (n=7)	4,671±0,910 (n=7)	1,780±0,397 (n=6)	5,09±1,86 (n=6)
Pb	6,114±1,4 * (n=7)	1,038±0,180 ** (n=6)	8,954±0,38 ** (n=5)	2,020±0,536 * (n=5)
S	1,024±0,204 (n=5)	3,703±0,310 (n=5)	0,946±0,081 (n=4)	5,036±0,5 (n=5)
S Pb	1,836±0,422 + (n=8)	2,975 ±0,264 ++ (n=7)	2,08±0,272 ++ (n=6)	4,132±0,577 + (n=6)
P	1,19±0,521 (n=6)	3,3±0,707 (n=6)	1,123±0,353 (n=4)	4,42±0,467 (n=5)
P Pb	2,54±0,163 + (n=6)	2,546±0,187 ++ (n=6)	1,698±0,167 ++ (n=4)	3,613±0,440 + (n=6)

Mâles

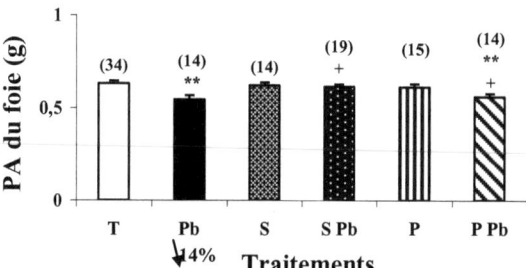

Femelles

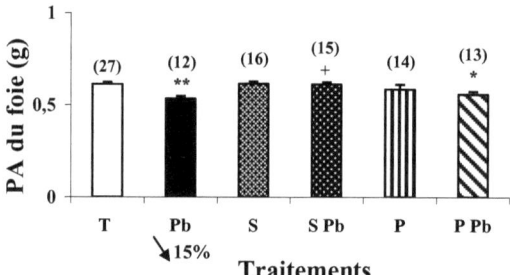

<u>Figure13</u> : Poids absolus (PA) du <u>foie</u> (g) des jeunes rats mâles et femelles âgés de 14 jours issus et de mères témoins (T), nourris de 15% de spiruline, ou de 2% de pissenlit et traitées par l'acétate de plomb dès le 5ème jour de gestation (Pb) et recevant une alimentation riche en spiruline (S Pb) et du pissenlit (P Pb).

      (n) : nombre de déterminations
      * : p≤ 0.05 par comparaison avec les rats témoins (T)
      ** : p≤ 0.01 par comparaison avec les rats témoins (T)
      + : p≤0.05 par comparaisons avec les rats du groupe Pb

Mâles

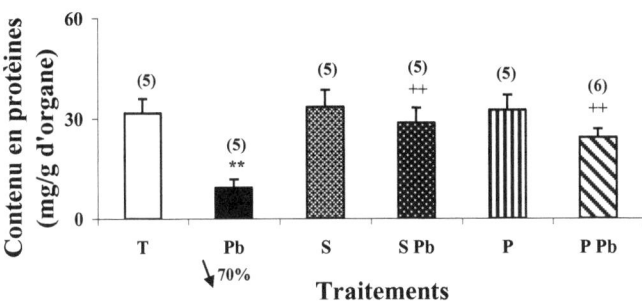

Femelles

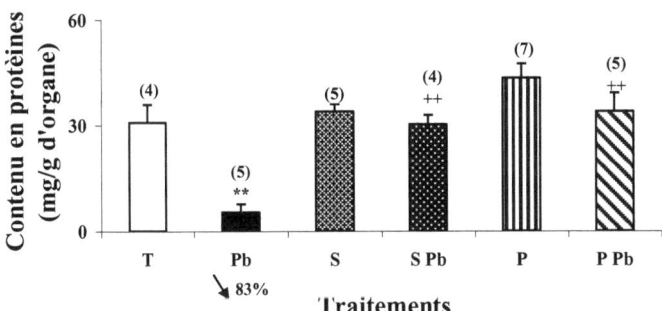

<u>Figure 14</u> : Contenu en protéines du foie exprimés en mg/ g d'organe chez des jeunes rats mâles et femelles âgés de 14 jours et issus de mères témoins (T) , nourris de 15% de spiruline, ou de 2% de pissenlit et traitées par l'acétate de plomb dès le 5ème jour de gestation (Pb) et reçevant une alimentation riche en spiruline (S Pb) et du pissenlit (P Pb) .

(n) : nombre de déterminations
** : p≤ 0.01 par comparaison avec les rats témoins (T)
++ : p≤ 0.01 par comparaison avec les rats du groupe Pb

CHAPITRE I

Discussion

Le traitement des rattes à l'acétate de plomb provoque une diminution des poids corporels des mères et de leurs descendances âgés de 14 jours.

En effet le retard de la croissance corporelle des rats traités par des toxines, a été expliqué d'après GILBERT et FREIDMAN., (1981) par la chute de l'homonémie thyroïdienne, laquelle joue un rôle crucial dans la croissance et le développement des organes en particulière celui du foie. De même, BELLINGER et al., (1985) ont montré que l'intoxication par le plomb a entrainé des accouchements prématurés, une altération de la croissance et du développement fœtal et une réduction du poids corporel à la naissance. En 2004, LEWIS a remarqué aussi que l'un des premiers symptômes de l'exposition au plomb est l'apparition de troubles digestifs qui se traduisent par des coliques (douleurs abdominales intenses, nausées, vomissements), de la constipation, de l'anorexie et d'une perte de poids.

Cette perte de poids chez les jeunes rats issus de mères traitées par l'acétate de plomb est due probablement à la forte absorption du plomb par ces animaux puisque le taux d'absorption de ce métal est d'environ 80 % chez les rats âgés de 19 jours et de 16 % chez un rat âgé de 89 jours (IARC., 1980).

Nos résultats montrent aussi une accumulation du plomb au niveau du lait des mères traitées dès le 5ème jour de gestation par l'acétate de plomb. Cette quantité de plomb plus la quantité de ce métal qui passe à travers le placenta (GHORBEL., 2004) constituent une source d'intoxication des jeunes rats en période d'allaitement (GULSON., 1997) Il semble que la spiruline inhibe le passage du plomb à travers le lait le puisque nous avons trouvé que le taux de plomb dans le lait des mères traitées et nourries d'alimentation riche en spiruline est équivalent à celui des rattes témoins. Ce ci peut expliquer la récupération des poids corporels des jeunes rats appartenant aux groupes (S Pb) comparativement aux rats issus de rattes traitées par le plomb et soumises à un régime normal (Pb). Ces résultats montrent l'effet protecteur de la spiruline contre les effets néfastes du plomb. En effet les travaux antérieurs réalisés en 1975 par BOUDENE et al ont montré, chez les rats adultes nourris avec de la spiruline naturelle, comme seule source de protéines, l'absence des effets toxiques de certains métaux tels que le plomb, le mercure et l'arsenic.

Notre étude montre aussi que les mères qui consomment de la spiruline ont des poids relativement élevés par rapport aux témoins. Ces résultats ont été confirmés par les travaux de YASSER (2006) qui a remarqué que les rats ayant consommé de la spiruline ont présenté un gain de poids comparativement aux rats témoins. La spiruline semble être favorable à la croissance grâce à sa richesse en protéines et en éléments minéraux.

De même SHIFOW et *al* (2000) ont montré que la vitesse de la croissance des rats recevant de la spiruline comme seule source de protéines est supérieure ou égale à celle des rats témoins.

Par ailleurs, la consommation d'une alimentation enrichie de 2 % de pissenlit, par les mères traitées au plomb induit une amélioration partielle des poids corporels chez ces rattes et leurs progénitures comparativement à ceux appartenant au groupe Pb sans toutefois atteindre les valeurs normales, bien que cette plante diminue la quantité de plomb qui passe dans le lait.

Il semble que cette plante médicinale n'a qu'un effet protecteur partiel sur la croissance corporelle des jeunes rats issus de mères traitées par le plomb (P Pb), et ceci malgré sa richesse en vitamines, éléments minéraux essentiels et en protéines qui sont nécessaires à la régulation du poids corporel durant les périodes de gestation et de lactation.

Le traitement par l'acétate de plomb n'affecte pas seulement la croissance corporelle, il modifie également le poids de certains organes tels que le foie. Cette atrophie hépatique pourrait témoigner d'une inhibition des systèmes protéiques qui sont à l'origine de la diminution de la croissance corporelle.

En effet, DHAR ET BANERJEE (1979) ont remarqué que le plomb induit chez le rat une diminution de la teneur en protéines dans le foie avec une diminution de la concentration de l'ADN hépatique. De même, une dégénérescence hépatique a été aussi observée par WHITE (1977) chez le chien sous l'effet du plomb.

La récupération du poids hépatique chez les jeunes rats issus de mères traitées au plomb et nourries de spiruline confirme les résultats des chercheurs DHAR et BANERJEE., (1979) qui ont montré que la phycocyanine (constituant de spiruline) protège de 50 à 65 % les fonctions du foie lors de l'ingestion des médicaments ou des métaux lourds (CCI4, mercure). Donc la phycocyanine permet de réduire les pertes enzymatiques dans le foie.

Ces travaux confirment les résultats réalisés par VADIRAJA et *al* (1998) qui ont montré que la phycocyanine apporte une protection aux enzymes du foie.

On peut conclure que les phycocyanines présents dans la spiruline sont à l'origine de l'effet protecteur de cette algue contre l'hépatoxicité produite par le plomb.

Les mères traitées au plomb, qui consomment du pissenlit à raison de 2 % d'alimentation présentent aussi une amélioration partielle du poids et du contenu protéique hépatique chez les jeunes rats âgés de 14 jours par rapport à ceux appartenant au groupe Pb. Ceci pourrait être expliqué par la présence des composés bioactifs présents dans la plante médicinale et qui agissent d'une façon indirecte sur les cellules hépatiques (GOYER., 1990).

Il serait donc intéressant d'analyser ces composés bioactifs qui sont probablement des vitamines ou des protéines.

Conclusions

$\Rightarrow$ Le plomb administré dans l'eau de boisson de rattes au 5ème jour de la gestation, induit chez les jeunes rats mâles et femelles issus de ces mères et âgés de 14 jours :
- Une diminution de la croissance corporelle.
- Une atrophie hépatique
- Une réduction du contenu du foie en protéines.

Ces effets sont dus à la forte absorption de ce métal, qui passe à travers le lait, aux jeunes rats

⇒ La spiruline administrée, à ces mères protège contre les effets toxiques du plomb
- Elle inhibe le passage du plomb dans le lait
- Elle rétablit le poids corporel et celui du foie des jeunes rats en période d'allaitement.
- Elle rétablit le contenu protéique au niveau du foie des rats âgés de 14 jours.

Il semble que les phycocyanines sont des protéines responsables de cet effet protecteur et même il est possible qu'elles inhibent ou diminuent le passage du plomb à travers le placenta.

⇒ Le pissenlit administré chez ces rattes, corrige partiellement les effets du plomb sur la croissance corporelle et hépatique de jeunes rats âgés de 14 jours, bien qu'il inhibe le passage du plomb dans le lait. Cette amélioration pourrait être due soit aux vitamines soit aux protéines présentes dans le pissenlit, et qui sont considérées comme composés bioactifs.

CHAPITRE II

La croissance et le maintien des os dépendent d'un apport adéquat en minéraux, en vitamines et en concentrations suffisantes en plusieurs hormones. D'importantes quantités de calcium et de phosphore et des quantités plus modestes de fluorure, de magnésium, de fer et de manganèse sont nécessaires à la croissance des os.

Plusieurs polluants tels que les métaux lourds peuvent perturber la formation de la matrice osseuse et entraîne un déséquilibre du métabolisme phosphocalcique (YUKSEL et al., 1998).

Pour cela nous nous sommes proposé d'étudier :
- l'effet de l'intoxication par le plomb des mères dès le 5ème jour de gestation sur la croissance osseuse des jeunes rats à l'âge de 14 jours.
- L'effet de l'administration de la spiruline ou du pissenlit dans l'alimentation des mères traitées par le plomb sur la maturation osseuse de leurs descendants âgés de 14 jours.

Résultats

1. Impact sur le poids et la taille de l'os

Les jeunes rats mâles et femelles, issus de mères traitées dès le 5ème jour de gestation par l'acétate de plomb, présentent une diminution hautement significative des poids corporels (-28.47% pour les mâles et -26.41% pour les femelles) et des longueurs de leurs fémurs (-8.49% pour les mâles et -8.41% pour les femelles) comparativement aux témoins (Fig 15).

La figure 15 montre aussi que l'addition de 15% de spiruline ou de 2% pissenlit à l'alimentation des mères traitées par le plomb, permet la récupération des poids et des tailles des fémurs des jeunes rats mâles et femelles. Ceci est dû probablement à la richesse de ces deux suppléments en éléments minéraux essentiels tels que le phosphore et le calcium.

On note que le poids et la longueur des fémurs des jeunes issus des mères nourries de 15% de spiruline (groupe S) ou de 2% de pissenlit (groupe P) ont presque les mêmes valeurs que celles des témoins (T).

2. Impact sur la composition minérale de l'os

Le plomb administré dans la boisson des mères induit chez les jeunes rats mâles et femelles âgés de 14 jours une accumulation de ce métal au niveau de leurs fémurs qui dépasse respectivement 12 fois et 11 fois (tableau 7) celui des témoins de même âge. Ce dépôt est accompagné d'une diminution hautement significative des taux de Ca^{2+} et de HPO_4^{2-}.

L'administration de la spiruline ou du pissenlit aux mères traitées par le Pb induit chez les jeunes rats mâles et femelles une diminution hautement significative du taux de Pb accumulé au niveau de leurs fémurs (tableau 7). De même nos résultats montrent une récupération du contenu osseux en calcium et phosphore chez les jeunes rats appartenant aux groupes S Pb et P Pb puisque les teneurs de ces deux minéraux rejoignent celles des témoins.

3. Histologie de l'os

Les modifications des teneurs en Ca^{2+} et HPO_4^{2-} sont en corrélation avec les études histologiques.

En effet des coupes histologiques réalisées au niveau des fémurs de jeunes rats issus de mères traitées au plomb montrent des chondrocytes non alignés sous forme de colonnes discrètes. De même nous avons noté une diminution de la différenciation des chondrocytes de la zone hypertrophique et une néovascularisation de cette région (planche I_b). Le nombre de trabécules, devenus plus minces et plus fragmentés, a également diminué.

L'addition de spiruline ou du pissenlit dans l'alimentation des mères traitées par le plomb engendre chez les jeunes rats une récupération de l'aspect normal des structures histologiques des fémurs comparativement a celui des rats du groupe Pb observée au niveau de l'épaisseur de la zone proliférative (ZP) et hypertrophique avec abondance de chondrocytes au niveau de la zone proliférative (planche I_c et I_d).

Sur des sections de fémurs de rats témoins, la zone de prolifération (ZP) contient des chondrocytes disposés en colonnes bien arrangés parallèlement à l'axe de croissance (planche I_a).

CHAPITRE II

De même la planche (II) qui présente des coupes de fémurs colorées au rhodizonate montrent des dépôts de plomb, au niveau des fémurs de jeunes rats appartenant au groupe Pb (planche II$_b$), ces dépôts sont sous forme de cristaux colorés en brun.

L'addition de la spiruline ou de pissenlit dans l'alimentation des mères traitées par l'acétate de Pb fait diminuer l'intensité de ces dépôts qui sont presque absents chez les jeunes rats témoins (planche II $_{a-c-d}$).

CHAPITRE II

Mâles

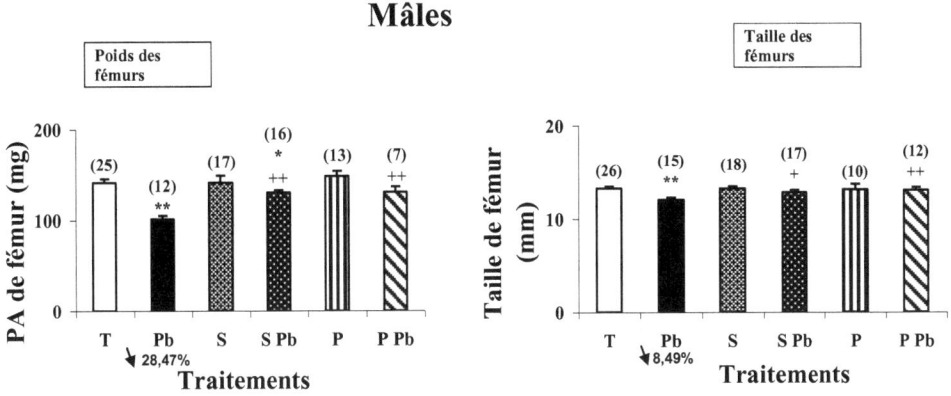

Femelles

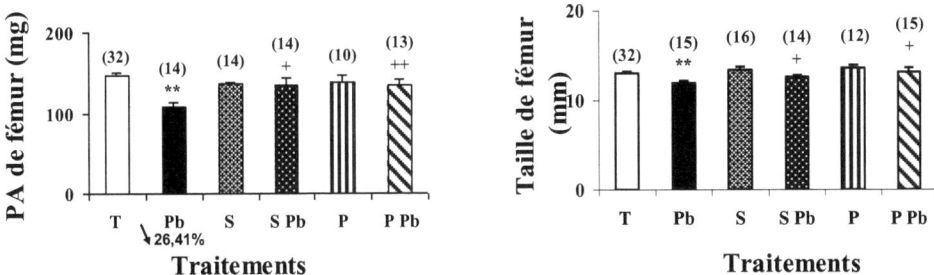

<u>Figure 15</u> : le poids absolu (mg) et la longueur (mm) des fémurs de jeunes rats mâles et femelles à l'âge de 14 jours et issus de mères témoins (T), nourris de 15% de spiruline, ou de 2% de pissenlit et traitées par l'acétate de plomb dès le 5ème jour de gestation (Pb) et recevant une alimentation riche en spiruline (S Pb) et du pissenlit (P Pb).

(n) : nombre de déterminations
* : $p \leq 0.05$ par comparaison avec les rats témoins (T)
** : $p \leq 0.01$ par comparaison avec les rats témoins (T)
\+ : $p \leq 0.05$ par comparaisons avec les rats du groupe Pb
++: $p \leq 0.01$ par comparaison avec les rats du groupe Pb

CHAPITRE II

Tableau VII : Contenus osseux en Pb (µg/g de poids sec), Ca^{2+} (mg/g de poids sec) et HPO_4^{2-} (mg/g de poids sec) chez de jeunes rats mâles et femelles âgés de 14 jours et issus de mères témoins (T,) nourris de 15% de spiruline, ou de 2% de pissenlit et traitées par l'acétate de plomb dès le 5ème jour de gestation (Pb) et recevant une alimentation riche en spiruline (S Pb) et du pissenlit (P Pb).

	Mâles			*Femelles*		
	Pb	HPO_4^{2-}	Ca^{2+}	Pb	HPO_4^{2-}	Ca^{2+}
T	8,858±1,53 (n=12)	59,361±3,485 (n=11)	82,205±5,677 (n=11)	6,666±0,82 (n=12)	58,721±6,620 (n=11)	81,885±3,531 (n=10)
Pb	68,15±4,612 ** (n=6)	38,977±4,098 ** (n=6)	46,576±6,214 ** (n=6)	63,083±3,528 ++ (n=6)	39,048±5,580 * (n=6)	59,002±1,770 ** (n=6)
S	8,75±0,636 (n=6)	60,975±1,583 (n=6)	82,606±2,652 (n=6)	7,8±1,317 (n=6)	62,218±4,758 (n=6)	83,044±7,354 (n=5)
S Pb	34,933±2,968 ** ++ (n=6)	57,200±4,242 + (n=5)	69,944±3,101 + (n=6)	32,780±7,465 ** ++ (n=5)	54,750±2,657 + (n=4)	69.313±3,764 * + (n=5)
P	11,980±2,216 (n=5)	53,543±9,354 (n=5)	79,991±5,493 (n=6)	10,883±1,850 (n=5)	50,0388±7,471 (n=6)	75,972±2,260 (n=5)
P Pb	23,166±3,589 ** ++ (n=6)	52,696±5,019 + (n=5)	78,207±9,763 + (n=5)	23,457±4,166 ** ++ (n=7)	58,218±5,277 + (n=6)	75,811±4,707 + (n=4)

(n) : nombre de déterminations
* : $p \leq 0.05$ par comparaison avec les rats témoins (T)
** : $p \leq 0.01$ par comparaison avec les rats témoins (T)
+ : $p \leq 0.05$ par comparaisons avec les rats du groupe Pb
++ : $P \leq 0.01$ par comparaison avec les rats du groupe Pb

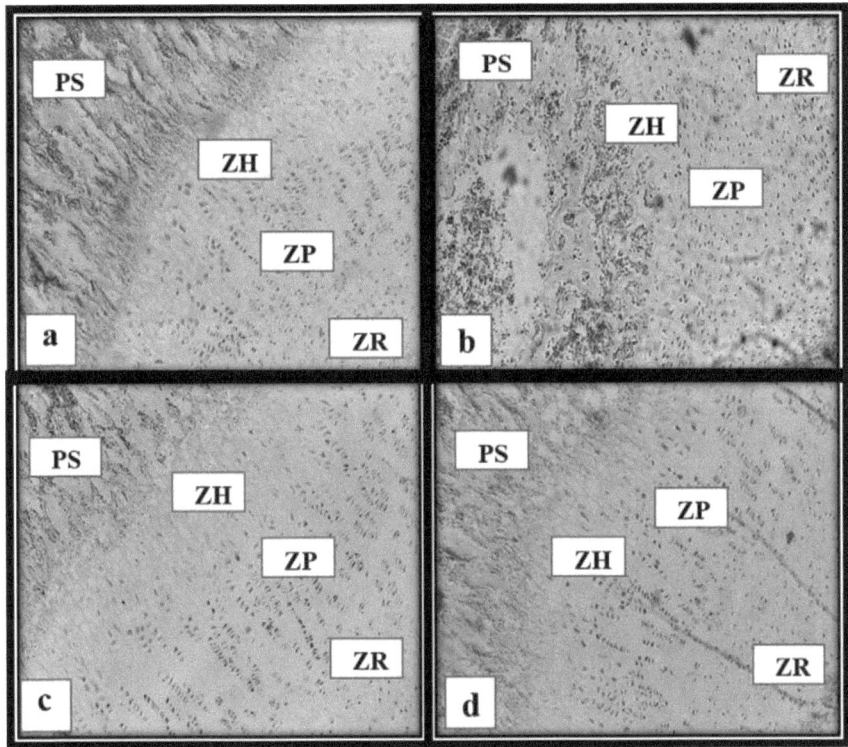

<u>Planche I</u> : Structures histologiques des Fémurs de jeunes rats âgés de14 jours : témoins (a), et issus de mères traitées par l'acétate de plomb (b), associée à la spiruline (c) ou au pissenlit (d) dès le 5ème jour de gestation.

Coloration Hématoxyline –éosine. Gr x100

ZR: zone de réserve,
ZP: zone proliférative,
ZH: zone hypertrophique,
PS: région de l'os spongieux primaire

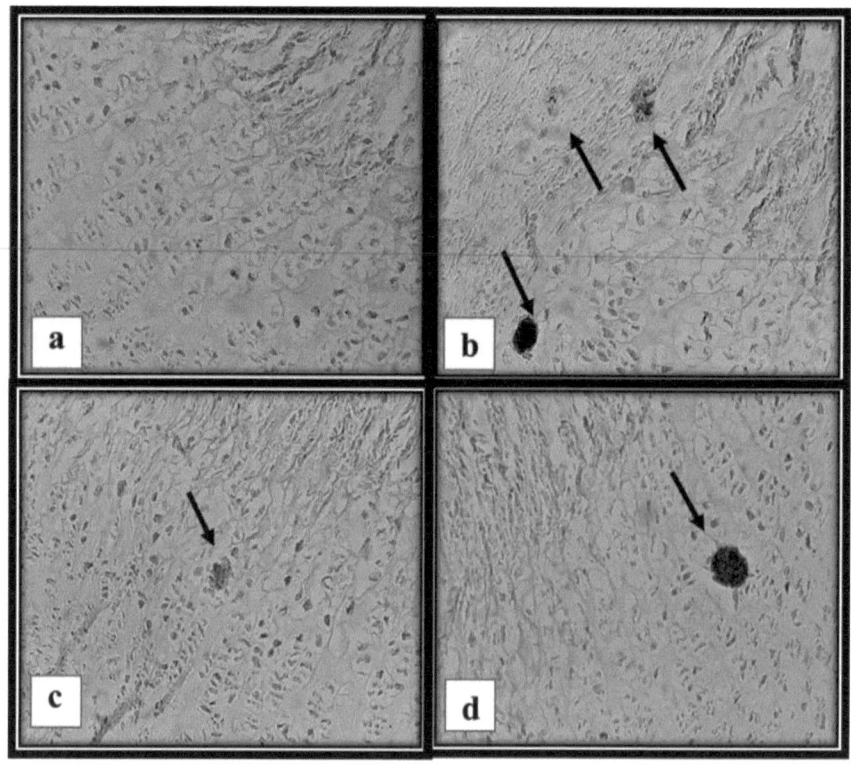

Planche II : Structures histologiques des Fémurs de jeunes rats âgés de 14 jours : témoins (a), et issus de mères traitées par l'acétate de plomb (b), associée à la spiruline (c) ou au pissenlit (d) dès le 5ème jour de gestation.

Coloration Rhodizonate. Gr x 200

⟶ Dépôts de plomb

CHAPITRE II

Discussion

Le traitement par l'acétate de plomb des mères dés le 5ème jour de gestation, induit une diminution des poids et des tailles de fémurs de leurs jeunes rats en période d'allaitement. Ceci a été confirmé par PASCAUL et ses collaborateurs (1998) qui ont montré que la matrice osseuse est un tissu à forte activité métabolique et que plusieurs polluants peuvent perturber sa formation, engendrant une ostéogénèse défectueuse, affectant à la fois la longueur et la masse de l'os.

De même, nos résultats montrent une importante accumulation du plomb (qui dépasse les 500%, comparativement aux témoins), au niveau de l'os des jeunes rats issus des mères traitées par l'acétate de plomb. En effet, DALLY et *al* (1980) ont montré que 95 % du plomb ingéré sont stockés dans les os, il constitue alors une source endogène d'exposition à ce métal (ROTHENBERG et *al.*, 1994).

Il existe une diffusion régulière du plomb du compartiment osseux vers le sang qui est lié à la résorption osseuse physiologique. C'est pour cela qu'on s'intéresse au plomb osseux comme étant un biomarqueur d'exposition à ce métal (HU., 1998). Donc en dehors de toute exposition externe, le taux du plomb dans le sang reflète ce relargage endogène puisque la demi-vie de ce métal dans l'os est très longue > à 5 ans.

Les os jouent un rôle de tampon dans l'homéostasie du calcium en libérant du Ca^{2+} dans le plasma sanguin lorsque la concentration du calcium diminue et en retenant du Ca^{2+} lorsque cette concentration augmente. Ces échanges sont régis respectivement par la parathormone (PTH) synthétisée par les parathyroïdes et la calcitonine synthétisée par les cellules para-folliculaires au niveau de la thyroïde.

RASMUSSEN et WAISMAN (1983) et ROSEN et *al* (1980) ont montré que le plomb interfère directement dans la métabolisation du calcium entrainant des perturbations de la production du 1,25-dihydroxy- cholécalciférol. Ceci confirme nos résultats qui montrent une diminution significative du taux du calcium et du phosphore chez les jeunes rats âgés de 14 jours et issus de mères traitées par l'acétate de plomb à raison de 0.6 %.

Cependant, la consommation de 15% de spiruline par des mères allaitantes et traitées par le plomb permet d'augmenter le poids de ses descendances, leur taille et même le contenu osseux en calcium et de phosphore et de diminuer la teneur en plomb des fémurs de ses descendances. En effet YASSAER (2006) a montré que la spiruline accélère la production du système humoral et cellulaire en stimulant la fonction des cellules de la moelle osseuse malgré les agressions provenant des toxines environnementales et des agents infectieux. Pour cela, la spiruline est considérée comme un agent de détoxification de la moelle osseuse hématopoïétique.

De même, selon ZHANG et al (1994), la détoxification des cellules nucléées de la moelle osseuse de la souris se fait par les polysaccharides et la phycocyanine.

Le traitement des mères par le plomb et le pissenlit montre une récupération au niveau des paramètres minéraux osseux (Ca^{2+} et HPO_4^{2-}), au niveau de la taille et du poids des os chez leurs descendants. Ceci pourrait être expliqué par la richesse du pissenlit en vitamines (A, B, C et D) qui ont assuré probablement cette amélioration.

En effet, on connait d'après la littérature que la vitamine D, essentielle à l'absorption du calcium dans le tube digestif, est nécessaire à la minéralisation des os pendant la croissance et que les vitamines A, B_{12} et C jouent un rôle dans la synthèse des protéines osseuses (principalement le collagène) et dans la différenciation des ostéoblastes en ostéocytes qui vont servir à l'amélioration de l'état osseux.

En 1983 RASMUSSEN et WAISMAN ont démontré que le système endocrinien-vitamine D joue un rôle majeur dans l'homéostasie intracellulaire et extracellulaire du calcium, le remodelage osseux, l'absorption intestinale des minéraux, la différentiation cellulaire et la capacité d'immunorégulation.

Conclusions

⇒ Le traitement des mères par l'acétate de plomb dès le 5ème jour de gestation induit chez les jeunes rats de 14 jours :
- Une forte accumulation de ce métal au niveau de l'os qui dépasse 500 %.

- Un retard de la croissance osseuse démontrée par la réduction du poids et de la taille des fémurs et par la diminution de la différenciation des chondrocytes de la zone hypertrophique qui devient moins épaisse.
- Une réduction du contenu osseux en Ca^{2+} et HPO_4^{2-}.

⇒ La consommation de 15 % de spiruline ou de 2% pissenlit par les mères traitées par le plomb :

- Rétablit la croissance osseuse de leurs jeunes rats mâles et femelles puisque la taille et le poids retrouvent ceux des témoins.
- Augmente le contenu osseux en éléments minéraux (Ca^{2+} et HPO_4^{2-}) chez leurs descendants par rapport à ceux traités uniquement par le plomb (Pb) sans toutefois atteindre les valeurs des témoins.

La spiruline et le pissenlit jouent un rôle très important au niveau de l'os en inhibant l'activité du Pb en favorisant les minéralisations, et ceci éventuellement par le biais des phycocyanines (présents dans la spiruline), des vitamines et des éléments minéraux essentiels présents dans les 2 types de produits.

CHAPITRE III

Le système nerveux contrôle toutes les activités internes et externes de l'organisme vivant. Toute perturbation affectant son développement pendant la période de croissance, peut se manifester par une réduction de la capacité intellectuelle, de l'adaptabilité sociale et de la réactivité des stimuli de l'environnement. Son développement peut être affecté au cours des premières années de la vie par une malnutrition, suite à une déficience en éléments minéraux tels que le sélénium engendrant la maladie de keshan (DELANGE., 1994) ou l'iode induisant le goitre endémique (HETZEL., 1990), par un manque en hormones thyroïdiennes (LEGRAND., 1983 et HOWDESHELL., 2002), ou même à la suite d'une exposition à certains polluants (GHORBEL., 2004) tel que le plomb qui induit le saturnisme.

Selon des auteurs, des homologies semblent exister entre l'espèce humaine et les rongeurs concernant le fonctionnement du cerveau. En effet, le cerveau du rat nouveau-né est comparable du point de vue fonctionnel à celui d'un fœtus humain âgé de 6 mois. Celui du jeune rat âgé de 10 jours est comparable au cerveau d'un bébé qui vient de naître. De même, chez ces espèces, le développement neuronal du cervelet est en grande partie post-natal, il apparaît à un stade tardif par rapport au cerveau entier (ALTMAN., 1982).

L'objectif de notre étude consiste à analyser les effets de l'exposition des rattes gestantes et allaitantes à l'acétate de plomb sur la maturation du cerveau et du cervelet des jeunes rats mâles et femelles en période d'allaitement et d'étudier l'effet protecteur de la spiruline et du pissenlit contre les effets néfastes de ce métal.

Résultats

1. Effets sur le poids de cerveaux et de cervelets des jeunes rats mâles et femelles âgés de 14 jours

Après ingestion par des mères gestantes et allaitantes de l'eau refermant 0.6% de plomb, équivalent à 5 mg/ kg de poids corporel / jour dès le 5ème jour de gestation, ce métal a provoqué une diminution hautement significative des poids absolus des cerveaux de (-9.075%) et de (-8.33%) chez les jeunes rats mâles et femelles de 14 jours, accompagnée d'une réduction du poids des cervelets (-19.27% chez les mâles

CHAPITRE III

et -21.11% chez les femelles) comparativement aux rats témoins de même âge (Fig 16 et 17).

Ceci pourrait être expliqué par la réduction de la quantité des protéines qui est plus importante au niveau des cervelets (-52.86% chez les mâles et -51.16% chez les femelles) comparativement à celle au niveau des cerveaux (-32.2% chez les mâles et -28.02% chez les femelles) par rapport aux témoins (Fig 18 et 19).

L'addition de la spiruline dans l'alimentation des mères traitées par la le plomb permet de récupérer les dommages induits par ce métal lourd au niveau du système nerveux de leurs descendants. Ceci est observé par l'augmentation significative des poids absolus des cerveaux et des cervelets par rapport aux rats appartenant au groupe Pb.

Les figures 16 et 17 montrent aussi que les poids absolus des cerveaux et des cervelets chez les jeunes rats de 14 jours issus des mères allaitantes traitées par le plomb et nourries de 2 % de pissenlit augmentent comparativement aux rats du groupe Pb. Cette récupération n'est que partielle sans atteindre les valeurs des témoins.

Le traitement par de la spiruline ou du pissenlit seuls ne montre pas de variations au niveau du poids des cerveaux ou des cervelets.

2. Effets sur la quantité de protéines au niveau des cerveaux et des cervelets

Le dosage des protéines au niveau des cerveaux et des cervelets montre que le plomb induit chez les jeunes rats mâles et femelles une diminution significative du contenu protéique des cerveaux et des cervelets. Cette diminution est plus accrue chez les mâles que chez les femelles.

La consommation de spiruline ou de pissenlit par les mères traitées par le Pb rétablit le contenu protéique du cerveau et plus ou moins celui du cervelet.

Le pissenlit et la spiruline fond augmenter le contenu protéique des cerveaux et des cervelets, cette augmentation est plus accentuée chez les mâles que chez les femelles.

3. Histologie des cervelets

Notre étude histologique après coloration par l'hématoxyline-éosine montre chez les témoins la présence de 3 couches : (planche III -a)

- ➢ Une couche granulaire externe (CGE)
- ➢ Une couche moléculaire (CM)
- ➢ Une couche granulaire interne (CGI).

Elle montre aussi des modifications structurales des cervelets de rats traités au plomb (Pb) par rapport aux témoins (T). Ainsi l'aspect des cellules de Purkinje, situées à la limite de la couche granulaire interne et de la couche moléculaire, change. Ces cellules qui sont complètement différenciés chez les témoins, se présentent sous forme de corps cellulaires arrondis nucléés ou anucléés chez les traités. L'absence de prolongements anoxiques au niveau de ces cellules pourrait affecter la synaptogenèse au niveau du cervelet, normalement établie entre les cellules de Purkinje et des cellules de la couche moléculaire qui devient moins épaisse chez les rats du groupe (Pb) (planche III -b).

Les rats issus de mères traitées par le Pb et nourries d'une alimentation riche en spiruline ou en pissenlit, présentent au niveau des coupes histologiques la présence normale des trois couches (couche granulaire externe CGE, couche moléculaire CM et couche granulaire interne CGI), une amélioration dans la structure du CGI, l'importante épaisseur de la CGE et le développement de la CM par rapport aux rats du groupe Pb (planche III – c, d).

La coloration au rhodizonate montre la présence des chélates de plomb au niveau des cervelets des jeunes rats issus de mères traitées par l'acétate de plomb (groupe Pb) (planche IV- b). Ces chélates sont absents chez les rats témoins (planche IV- a). Ce dépôt constitue une source d'imprégnation endogène lors de l'arrêt d'exposition à l'acétate de plomb (GHORBEL., 2004). Le traitement par le pissenlit et la spiruline diminue fortement la densité de ces dépôts (Planche IV- c, d).

CHAPITRE III

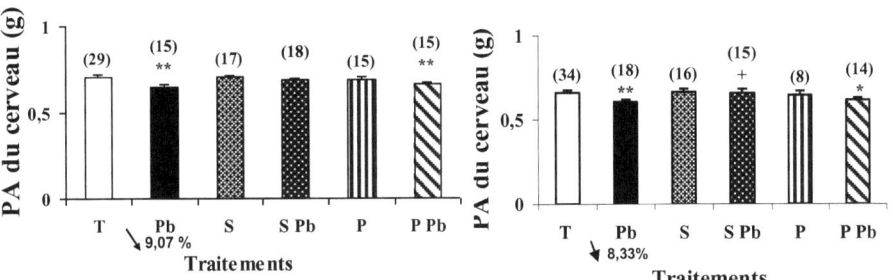

Figure 16 : Poids absolus(PA) des cerveaux (exprimés en g) chez les jeunes rats mâles et femelles issus des mères témoins (T), nourris de 15% de spiruline, ou de 2% de pissenlit et traitées par l'acétate de plomb dès le 5ème jour de gestation (Pb) et recevant une alimentation riche en spiruline (S Pb) et du pissenlit (P Pb).

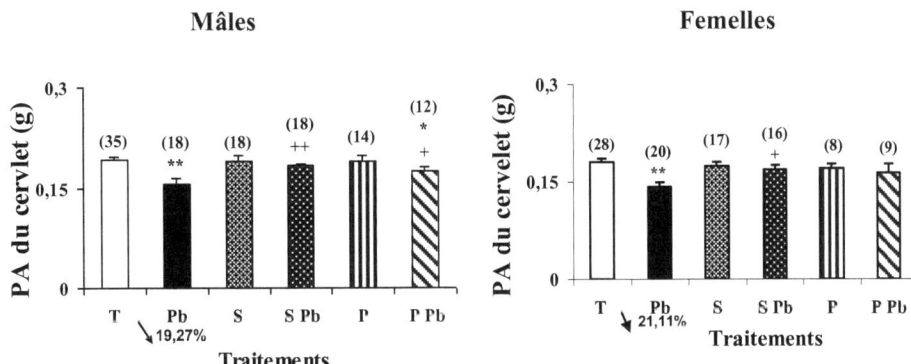

Figure 17 : Poids absolus(PA) des cervelets (exprimés en g) chez les jeunes rats mâles et femelles issus des mères témoins (T), nourris de 15% de spiruline, ou de 2% de pissenlit et traitées par l'acétate de plomb dès le 5ème jour de gestation (Pb) et recevant une alimentation riche en spiruline (S Pb) et du pissenlit (P Pb).

(n) : nombre de déterminations
* : $p \leq 0.05$ par comparaison avec les rats témoins (T)
** : $p \leq 0.01$ par comparaison avec les rats témoins (T)
+ : $p \leq 0.05$ par comparaisons avec les rats du groupe Pb
++ : $p \leq 0.01$ par comparaison avec les rats du groupe Pb

CHAPITRE III

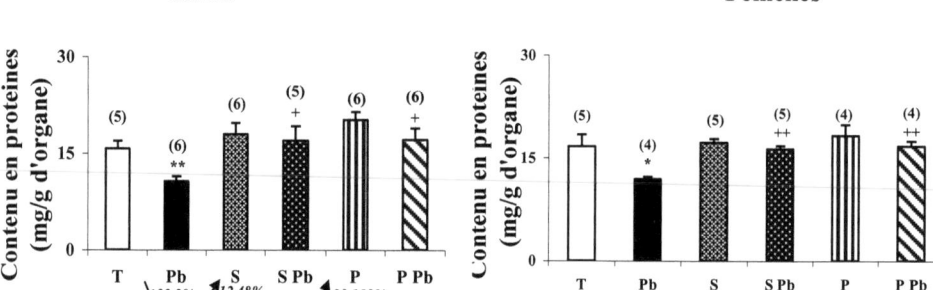

Figure18 : Contenus en protéines des cerveaux (exprimés en mg/g d'organe) chez des jeunes rats mâles et femelles âgés de 14 jours et issus de mères témoins (T), nourris de 15% de spiruline, ou de 2% de pissenlit et traitées par l'acétate de plomb dès le 5ème jour de gestation (Pb) et recevant une alimentation riche en spiruline (S Pb) et du pissenlit (P Pb).

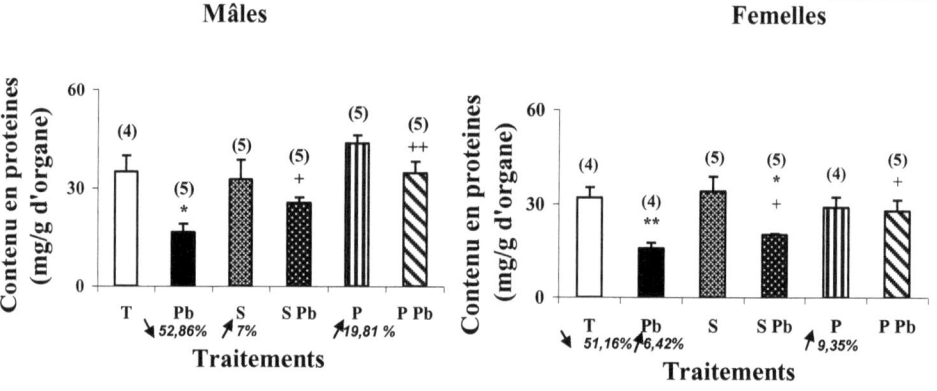

Figure19 : Contenus en protéines des cervelets (exprimés en mg/g d'organe) chez des jeunes rats mâles et femelles âgés de 14 jours et issus de mères témoins (T), nourris de 15% de spiruline, ou de 2% de pissenlit et traitées par l'acétate de plomb dès le 5ème jour de gestation (Pb) et recevant une alimentation riche en spiruline (S Pb) et du pissenlit (P Pb).

(n) : nombre de déterminations
* : p≤ 0.05 par comparaison avec les rats témoins (T)
** : p≤ 0.01 par comparaison avec les rats témoins (T)
++ : p≤0.01 par comparaisons avec les rats du groupe (Pb)
+ : p≤ 0.01 par comparaison avec les rats témoins (Pb)

CHAPITRE III

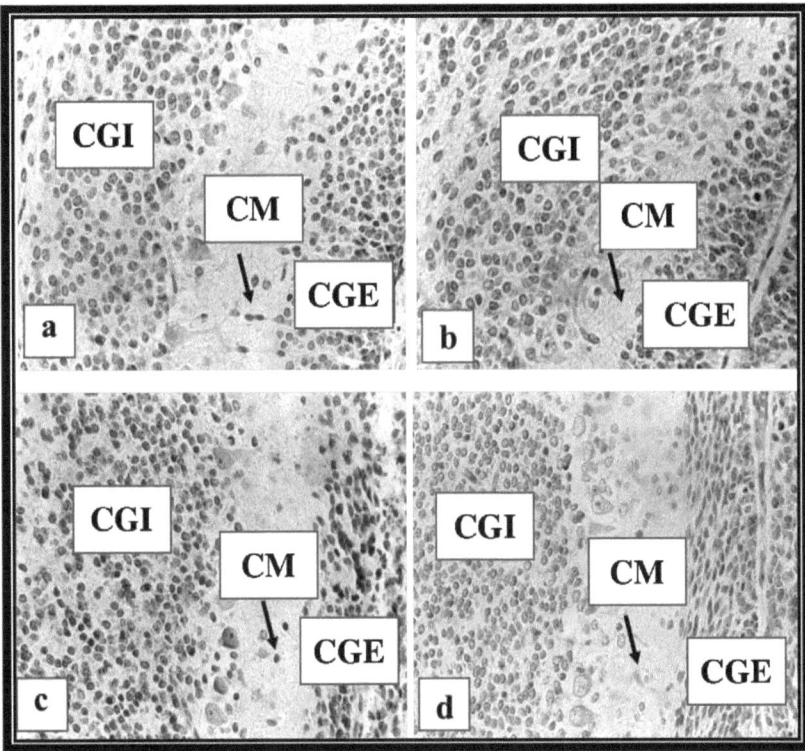

Planche III : Structures histologiques des cervelets de jeunes rats âgés de 14 jours : témoins (a), et issus de mères traitées par l'acétate de plomb (b), associé à la spiruline (c) ou au pissenlit (d) dès le 5ème jour de gestation.
Coloration Hématoxyline –éosine. Gr x 400

    CGE : Couche granulaire externe
    CM : Couche moléculaire
    CGI : Couche granulaire interne
➤ Cellules de Purkinje

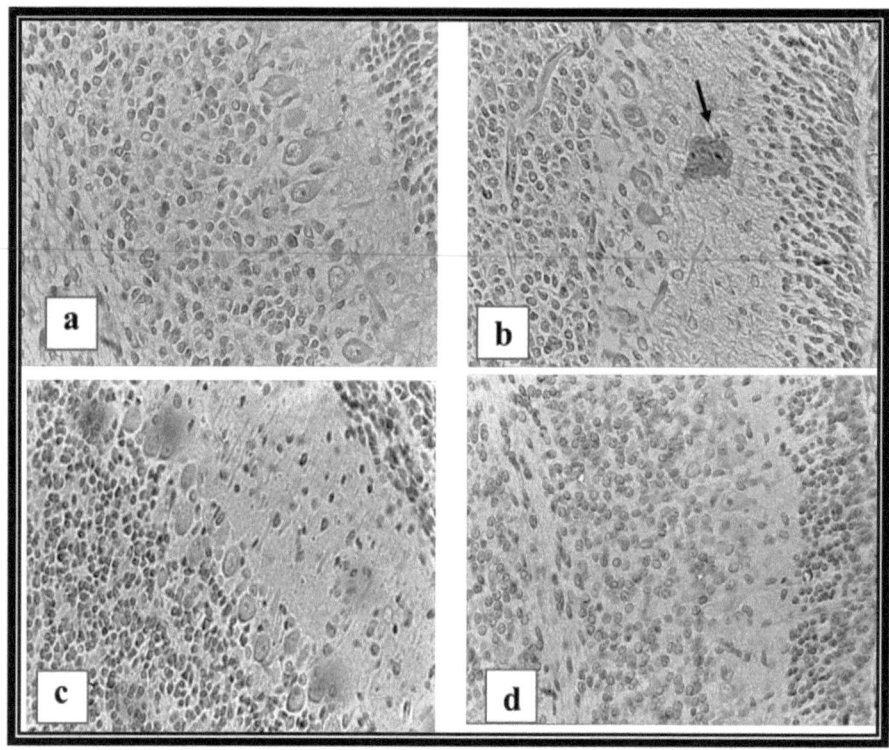

<u>Planche IV</u> : Structures histologiques des cervelets de jeunes rats âgés de 14 jours : témoins (a), et issus de mères traitées par l'acétate de plomb (b), associé à la spiruline (c) ou au pissenlit (d) dès le 5ème jour de gestation.

Coloration Rhodizonate. Gr x 400

➡ Dépôt du plomb

Discussion

Les effets du plomb ou de ses dérivés inorganiques sur la physiopathologie du système nerveux ont été étudiés au niveau de plusieurs travaux réalisés sur de jeunes animaux exposés oralement au plomb à différentes doses. BRADBURY et ses collaborateurs (1993) ont montré que ce métal se concentre chez les rats immatures dans le cortex frontal induisant ainsi des troubles moteurs, une fatigue musculaire et des anomalies des mouvements rapides de flexion et d'extension (NEWLAND et al., 1996). D'autres auteurs ont constaté le rôle du plomb dans les retards du développement de l'hippocampe (ALFANO et al., 1982) et du cortex cérébral (PETIT et LEBOUTILLIER., 1979) dans la réduction du nombre et de la taille des axones du nerf optique (TENNEKOON et al., 1979) et dans la démyélinisation des nerfs périphériques (WINDEBANK et al., 1980). Le plomb administré aux rats par voie orale induit une atrophie des cerveaux et des cervelets (Ghorbel., 2004).

En effet, nos résultats montrent une diminution hautement significative des poids des cerveaux et des cervelets de jeunes rats mâles et femelles appartenant au groupe Pb comparativement aux rats témoins du même âge. Cette perturbation, due au plomb, au niveau du poids des organes du système nerveux central a été aussi expliqué d'après SINGH (1993) par l'altération du système de neurotransmission, notamment glutamatergique avec des effets particulièrement importants pendant la période de développement cérébral. Le plomb a également une action sur de nombreux autres neurotransmetteurs (dopamine, noradrénaline, sérotonine, adrénaline, acétylcholine) et certaines interférences négatives entre les systèmes dopaminergique et glutamatergique qui pourraient expliquer les effets du plomb (CORY-SLECHTA et al., 1997). Les atteintes physiologiques et les dysfonctionnements de ces systèmes de neurotransmission pourraient être directement impliqués dans les déficits de la capacité d'apprentissage par des effets indirects sur la croissance et la durée de la gestation. Il est en effet responsable des naissances prématurées et de retards de croissance intra-utérine et après la mise bas, résultats trouvés au niveau des deux premièrs chapitres.

CHAPITRE III

Le dosage des protéines cérébrales et cérébelleuses montre que le plomb induit chez les jeunes rats mâles et femelles une diminution du contenu protéique dans ses structures nerveuses. Cette baisse peut être expliquée par la diminution de l'incorporation de certains acides aminés dans les protéines totales ce qui peut induire d'après LEGRAND (1983) une réduction des capacités du cerveau à synthétiser des protéines. De même MICHAELSON (1973) a montré que le traitement des rats nouveau-nés par l'acétate de plomb induit une légère diminution de la concentration d'ARN, d'ADN et des protéines au niveau des cerveaux de ces rats.

Le plomb induit aussi des lésions histologiques chez le rat au niveau de l'hippocampe (STRUZYNSKA et al., 2005) du cortex cérébral, du système limbique et du cervelet qui se traduisent généralement par un retard ou une diminution du développement de ces différentes structures cérébrales (FINKELSTEIN et al., 1998). Une diminution de la taille et du nombre des axones du nerf optique a également pu être observée chez la souris intoxiquée par le plomb (TENNEKOON et al., 1979).

ANTONIO et al., (2002) ont montré que le plomb et/ou le cadmium administré durant la période de développement provoque une altération neurochimique des structures cérébrales qui se manifestent par un changement de l'activité motrice chez l'adulte. De même notre étude histologique montre des modifications structurales et des dépôts de plomb au niveau du cervelet des jeunes rats mâles et femelles appartenant aux groupes Pb par rapport aux témoins.

La consommation de 15% de spiruline par les mères allaitantes et traitées par le Pb permet d'améliorer les effets néfastes du plomb au niveau des cerveaux, des cervelets, de la quantité de protéine synthétisée par ces structures nerveuses et même de la structure histologique.

L'élément responsable pour cette récupération pourrait être la phycocyanine qui a un rôle neuroprotecteur examiné sur des cerveaux de rats traités au kainate (substance toxique) et qui a montré des changements dans les récepteurs périphériques de benzodiazépine (marqueur microglial) et dans l'expression de la protéine de choc de chaleur 27 kD (ROMAY et al., 2002). De même, HIRATA et al (2000) ont utilisé la phycocyanine dans la protection des cellules granulaires du cervelet contre les apoptoses provoquées par un léger retrait de potassium qui provoque une altération dans le cycle cellulaire par l'intermédiaire d'un mécanisme de stress oxydant.

Chez les mères traitées par le Pb et nourries de 2% de pissenlit, leurs descendants montrent aussi une récupération au niveau du poids absolu du cerveau et de cervelet du contenu protéique et de l'histologie cérébelleuse. Cette protection pourrait être expliquée d'après la littérature par le fait que le pissenlit est très riche en vitamines dont les plus importantes sont : la vitamine B (0.8 mg), la vitamine C (35 mg) et la provitamine A (8.4 mg) et qui sont probablement responsables de cette amélioration. En effet MARTIN (1992) et EASTLEY (2000) ont montré que dans des petits groupes de sujets âgés, atteints de troubles cognitifs ou de maladie d'Alzheimer et qui sont associés à des carences en vitamine B12, l'administration de cette vitamine (B12) pendant six mois a rapporté une amélioration des performances cognitives chez ces sujets âgés. L'administration des vitamines B_6 et A ont permis d'améliorer les performances de reproduction visuelle (TOLONEN., 1998) et la mémoire à long terme (DEIJEN., 1992).

Conclusions

⇒ Le plomb administré chez les mères au 5ème jour de gestation induit chez les jeunes âgés de 14 jours :

- Une diminution des poids absolus des cerveaux et des cervelets accompagnée d'une réduction de leurs contenus en protéines.
- Une altération de la structure histologique avec un changement de l'aspect des cellules de Purkinje.
- Une accumulation de ce métal au niveau des cervelets des jeunes rats.

⇒ la spiruline provoque chez les rats traités (Pb) une récupération des poids absolus des organes du système nerveux (cerveaux et cervelets) et de leurs contenus protéiques.

⇒ le pissenlit induit une amélioration partielle des poids des cerveaux et des cervelets avec une récupération du contenu protéique de ces organes.

La spiruline et le pissenlit jouent un rôle très important au niveau du système nerveux en inhibant l'effet du plomb et ceci éventuellement par le biais des phycocyanines et des vitamines (A, B…) présents respectivement dans la spiruline et dans le pissenlit.

Résultats

A-Impact sur la péroxydation lipidique

Les lipides des organismes vivants sont particulièrement sensibles à l'oxydation, surtout ceux formés d'acides gras polyinsaturés dans les membranes cellulaires. Ainsi de nombreux produits sont générés lors de la péroxydation des lipides dont la plupart sont cytotoxiques et mutagènes. Parmi ces produits, considérés comme des marqueurs de cette péroxydation, on peut citer le dialdéhyde malonique ou MDA.

- *Variations des taux des TBARS au niveau hépatique, cérébral et cérébelleux :*

Le traitement des mères par l'acétate de plomb entraîne une augmentation des taux des TBARS au niveau hépatique, cérébral et cérébelleux chez les jeunes rats mâles et femelles âgés de 14 jours par rapport aux rats témoins de même âge, ce qui montre l'effet toxique de ce métal **(Fig. 20)**.

La figure 20 montre aussi que l'administration de la spiruline ou du pissenlit dans l'alimentation des mères traitées par le plomb fait diminuer d'une façon significative l'effet péroxydatif du plomb au niveau du foie, du cerveau et du cervelet chez les jeunes rats mâles et femelles, ce qui pourrait être expliqué par l'effet bénéfique de ces deux plantes contre la toxicité induite par le plomb.

B- Impact sur le système enzymatique antioxydant

Afin d'étudier l'effet oxydant du plomb, nous avons dosé l'activité enzymatique des superoxydes dismutases (SOD), de la catalase et de la glutathion peroxydase GPx. En effet, dans les cellules animales, ces trois enzymes agissent de manière coordonnée, la SOD dismutant l'ion superoxyde pour donner du peroxyde d'hydrogène qui est lui-même détruit par la catalase et les glutathions peroxydases.

1- Variations de l'activité de la SOD:

L'administration de l'acétate de plomb à raison de 0.6 % à des rattes gestantes et allaitantes du 5ème jour de gestation jusqu'au 14ème jour postnatal, a provoqué une augmentation significative des activités de la SOD hépatique et cérébrale de 55 et 47%

CHAPITRE IV

chez les jeunes rats mâles et de 50 et 38 % chez les jeunes rats femelles, et ceci comparativement aux rats témoins de même âge (Fig.21). Toutefois notre étude montre une diminution significative de l'activité de la SOD au niveau du cervelet de 28% pour les jeunes rats mâles et de 33% pour les jeunes rats femelles, après traitement de leur mères par le plomb. Ainsi l'inactivation de cette enzyme antioxydante pourrait être expliquée par un blocage des systèmes de défenses d'antioxydants enzymatiques.

Le traitement par la spiruline ou le pissenlit rétablit d'une façon hautement significative l'activité de la SOD au niveau des organes étudiés. Ce qui montre l'effet bénéfique de ces deux plantes qu'antioxydants contre ce métal.

2- Variations de l'activité de la Catalase :

Le traitement des rattes pendant 31 jours par le plomb à raison de 0.6% a provoqué, comparativement aux témoins, une diminution significative des activités de la catalase hépatique, cérébrale et cérébelleuse respectivement de (-21,-52 et -14) chez les jeunes rats mâles et de (-34, -35 et -35%) chez les jeunes rats femelles.

En effet, le dysfonctionnement observé au niveau hépatique, cérébral et cérébelleux suite aux traitements par le plomb pourrait être expliqué par la génération excessive de ROS induite par ce plomb.

Ces perturbations sont corrigées par l'ajout de la spiruline ou du pissenlit dans l'alimentation de mères traitées. Ce qui montre l'effet protecteur de ces deux plantes contre les effets oxydants de ce métal (Fig.22).

3- Variations de l'activité de la GPx:

L'ingestion de plomb par les mères gestantes et allaitantes à raison de 0.6% du 5ème jour de gestation jusqu'aux 14ème jours postnatal a provoqué, comparativement aux témoins, une augmentation significative de l'activité de la GPx au niveau des organes étudiés : foie, cerveau et cervelet (87.51, 76.54 et 39%) pour les jeunes rats mâles et (93, 70 et 77%) pour les jeunes rats femelles. Ce qui justifie l'effet toxique du plomb.

Cependant, l'administration des plantes médicinales chez des rattes gestantes exposées au plomb a entraîné un retour à la normale de la GPx, par comparaison avec les témoins au niveau de ces organes cibles, ce qui montre l'effet protecteur de spiruline et du pissenlit contre l'effet oxydant induit par le plomb (Fig.23).

MDA

Mâles   **Femelles**

<u>Foie</u>

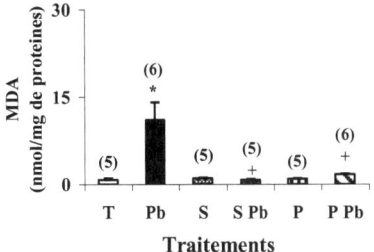
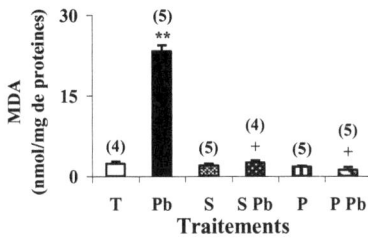

<u>Cerveau</u>

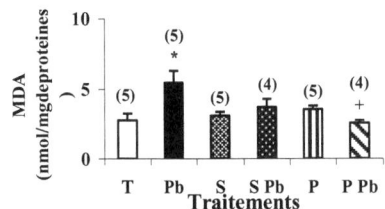
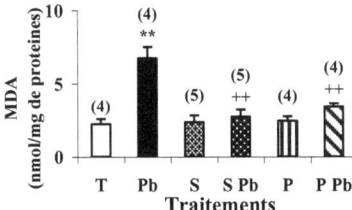

<u>Cervelet</u>

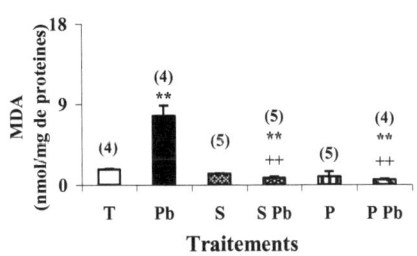
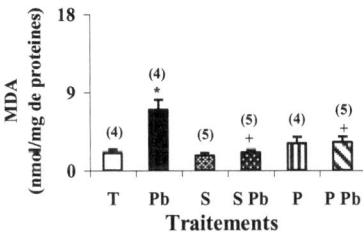

<u>Figure 20</u> : Taux des TBARS tel que MDA (nmol/mg de protéines) au niveau du <u>foie</u>, du <u>cerveau</u> et du <u>cervelet</u> des jeunes rats mâles et femelles âgés de 14 jours et issus de mères témoins (T), nourris de 15% de spiruline, ou de 2% de pissenlit et traitées par l'acétate de plomb dès le 5ème jour de gestation (Pb) et recevant une alimentation riche en spiruline (S Pb) et du pissenlit (P Pb).

         (n) : nombres de déterminations
         * : $p \leq 0.05$ par comparaison avec les rats témoins (T).
         ** : $p \leq 0.01$ par comparaison avec les rats témoins (T).
         + : $p \leq 0.05$ comparaison avec les rats du groupe Pb
         ++ : $p \leq 0.01$ comparaison avec les rats du groupe Pb

CHAPITRE IV

Foie   **Mâles**   **Femelles**   SOD

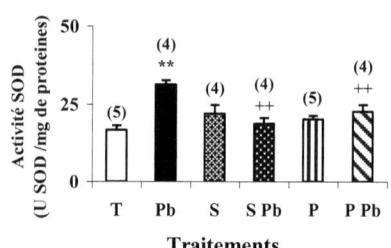
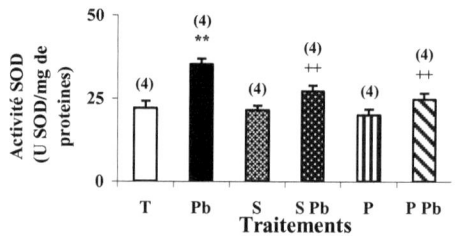

Cerveau

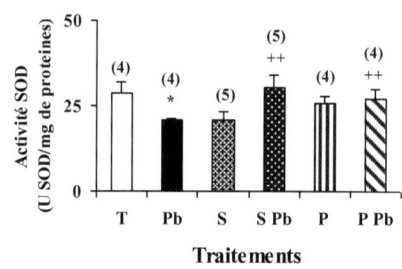
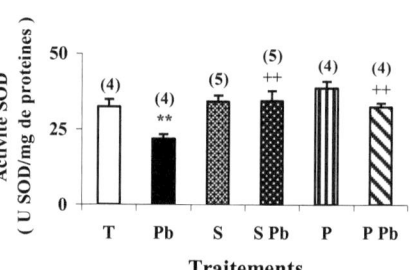

Cervelet

Figure 21 : Activité SOD (U SOD/mg de protéines) au niveau du foie, du cerveau et du cervelet des jeunes rats mâles et femelles âgés de 14 jours issus de mères témoins (T), nourris de 15% de spiruline, ou de 2% de pissenlit et traitées par l'acétate de plomb dès le 5ème jour de gestation (Pb) et reçevant une alimentation riche en spiruline (S Pb) et du pissenlit (P Pb).

(n) : nombre de déterminations
* : $p \leq 0.05$ par comparaison avec les rats témoins (T).
** : $p \leq 0.01$ par comparaison avec les rats témoins (T).
+ : $p \leq 0.05$ comparaison avec les rats du groupe Pb
++ : $p \leq 0.01$ comparaison avec les rats du groupe Pb

CHAPITRE IV

Catalase

Mâles   **Femelles**

<u>Foie</u>

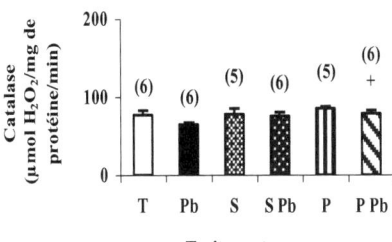 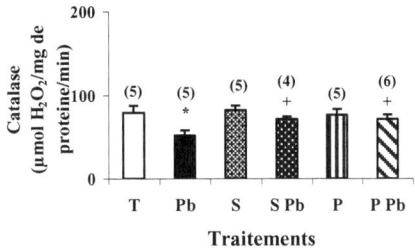

<u>Cerveau</u>

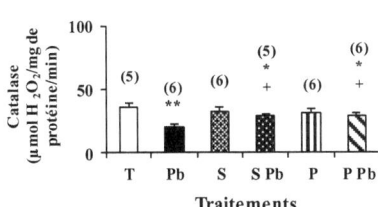 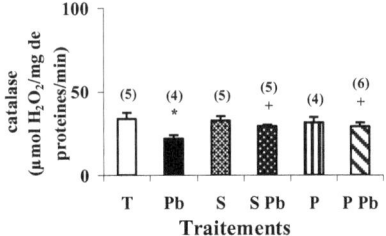

<u>Cervelet</u>

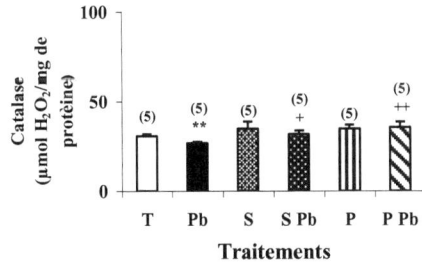 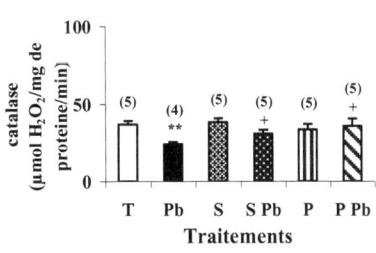

<u>Figure 22</u> : Activité catalase (μmol de H_2O_2/mg de protéines/min) au niveau du <u>foie</u>, <u>c</u>erveau et <u>c</u>ervelet des jeunes rats mâles et femelles âgés de 14 jours issus des mères gestantes témoins (T), nourris de 15% de spiruline, ou de 2% de pissenlit et traitées par l'acétate de plomb dès le 5ème jour de gestation (Pb).

         (n) : nombre de déterminations
            * : $p \leq 0.05$ par comparaison avec les rats témoins (T).
           ** : $p \leq 0.01$ par comparaison avec les rats témoins (T).
           + : $p \leq 0.05$ comparaison avec les rats du groupe Pb

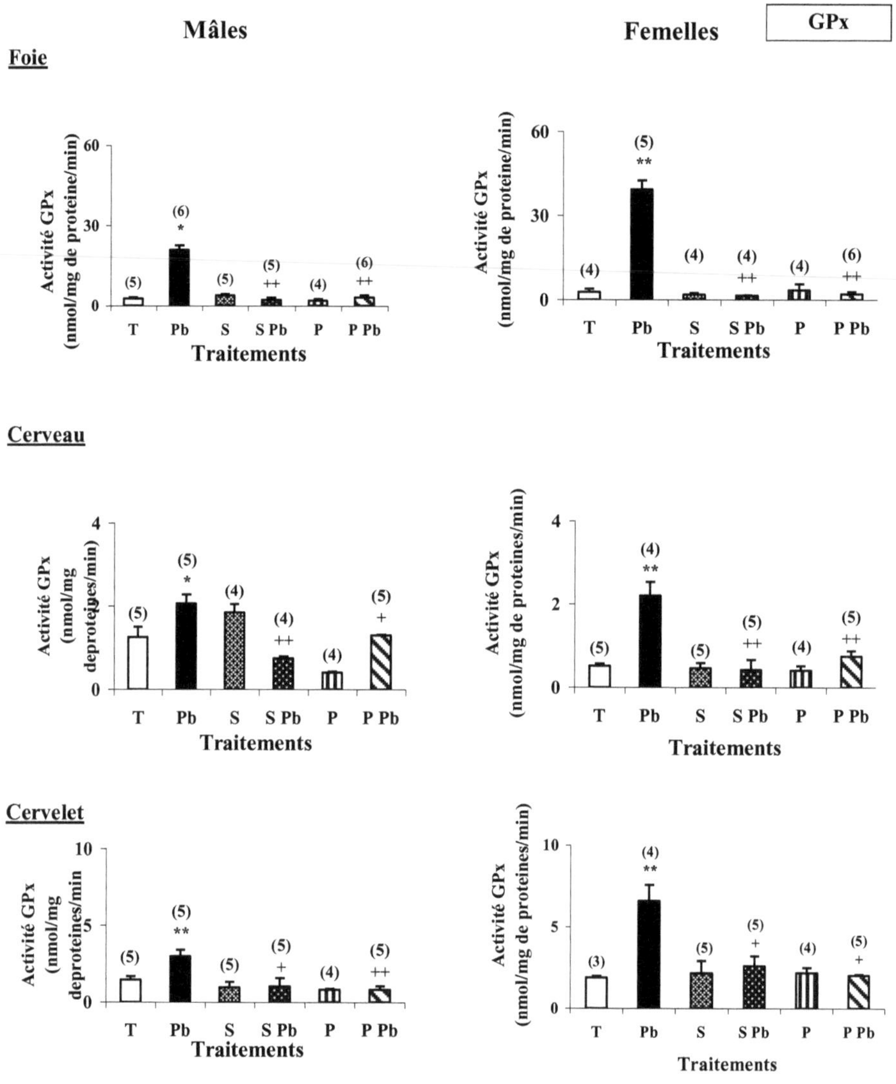

Figure 23: Taux de GPx (nmol de GSH réduit/mg de protéines/min) au niveau du <u>foie</u>, <u>cerveau</u> et <u>cervelet</u> des jeunes rats mâles et femelles âgée de 14 jours issus des mères gestantes témoins (T), nourris de 15% de spiruline, ou de 2% de pissenlit et traitées par l'acétate de plomb dès le $5^{\text{ème}}$ jour de gestation (Pb).

(n) : nombre de déterminations
 * : $p \leq 0.05$ par comparaison avec les rats témoins (T).
 ** : $p \leq 0.01$ par comparaison avec les rats témoins (T).
 + : $p \leq 0.05$ comparaison avec les rats du groupe Pb
 ++ : $p \leq 0.01$ comparaison avec les rats du groupe Pb

CHAPITRE IV

Discussions

La production des radicaux libres dans une cellule entraîne différentes conséquences cytotoxiques, telles que l'inactivation des systèmes enzymatiques, la dégradation des protéines, l'altération de l'ADN et surtout la détérioration de la membrane cellulaire par attaque de ces acides gras constitutifs, ce qui se traduit par des phénomènes de peroxydation lipidique.

La méthode d'évaluation de ce phénomène consiste à doser un des produits finaux de la dégradation des acides gras, le malonedialdéhyde (MDA) par exemple dont la teneur est en relation étroite avec les dégradations de la membrane cellulaire et d'une manière générale, avec le stress oxydant subi par les cellules de l'organisme.

La toxicité du MDA est due à sa capacité à altérer et/ou à se fixer sur une quantité importante de molécules biologiques comme les protéines, (LECOMITE et al., 1993) et l'ADN (NIITSU et al., 1995). Le MDA joue un rôle important dans la mutagenèse endogène et la carcinogenèse des organismes aérobiques (SHAFIQ et al., 1995).

Ainsi, le traitement des mères par l'acétate de plomb dès le 5ème jour de gestation, induit chez ses descendants mâles et femelles (groupe Pb) une augmentation du taux des TBARS tel que le MDA, au niveau du foie, du cerveau et du cervelet comparativement aux jeunes rats témoins (T) ce qui témoigne de l'attaque des membranes lipidiques par les radicaux libres induits par le plomb. Dans le même contexte, les travaux d'AYKIN et al en 2003 ont montré que le plomb induit une augmentation du taux des TBARS tels que le MDA au niveau du foie et du cerveau chez les poissons. Cette induction de la péroxydation lipidique est plus importante chez les jeunes que chez les adultes. SHAFIQ et al (1995) ont montré que le traitement " in vitro" de rats en présence de plomb ($50\mu g/ml$) s'accompagne d'une augmentation du taux de MDA.

De même CAMPANA et al (2003) ont montré que sous l'effet de l'accumulation de plomb au niveau des reins et du foie, les lysosomes de ces organes seront activés induisant ainsi un stress oxydatif prouvé par l'augmentation du taux de MDA au niveau de ces organites cellulaires. L'étude de PATRA et al (2001), et celle de GHORBEL

(2004) ont montré une augmentation de la teneur de MDA hépatique et cérébrale des rats traités au plomb.

La consommation d'une alimentation enrichie de 15% de spiruline ou de 2% de pissenlit par les mères traitées par l'acétate de plomb, fait rétablir le taux des TBARS à la normale chez leurs descendants mâles et femelles (groupe P Pb et S Pb) au niveau du foie, cerveau et cervelet. Ces plantes supplémentées liés à l'alimentation inhibent la peroxydation lipidique des membranes cellulaires.

Nos résultats confirment les travaux d'UPSANI et BALARAMAN (2003) qui ont démontré l'effet protecteur de la spiruline chez les rats intoxiqués par le plomb au niveau des reins et du foie puisque cette substance inhibe la peroxydation des lipides et rétablit l'activité des enzymes antioxydantes endogènes.

Cet effet protecteur de la spiruline contre la péroxydation lipidique est du éventuellements aux phycocyanines qui sont considérés comme antioxydants (ROMAY et al., 1998), contre les radicaux hydrophiles au niveau hépatique (VADIRAJA et al., 1998) chez les rats intoxiqués par le tétrachlorure de carbone.

L'effet protecteur du pissenlit contre cette péroxydation lipidique, est dû probablement à la richesse de cette plante en polyphénols, flavonoïdes, en provitamine A et en vitamines B, C et D. En effet UPASANI et al., (2001) ont montré que le traitement par les antioxydants comme l'acide ascorbique (Vit C) ou l'α tocophérol, diminue d'une façon significative l'effet oxydatif induit par le plomb et protège les animaux contre la toxicité induite par ce métal. La vitamine A, (provitamine A) pourrait protéger les tissus contre les réactions radicalaires, en effet MICHAUD et al., (2000) ainsi que HOLICK et al., (2002) ont montré qu'une alimentation riche en caroténoïdes (provitamine A) pourrait avoir un effet protecteur contre le cancer des poumons. D'autre part, l'augmentation des tissus en vitamine C forme un avantage supplémentaire pour ces tissus contre les radicaux libres, car cette vitamine peut agir comme un coantioxydant en régénérant l'α tocophérol du radical α- tocophéroxyl. (CARR et FREI., 1999).

Connaissant que la SOD dismute l'ion peroxyde pour donner du peroxyde d'hydrogène qui est lui même détruit par la catalase et en cas de besoin par les glutathions peroxydase. On peut dire que la SOD constitue la 1ère ligne de défense enzymatique, la catalase la 2ème ligne et la GPx la dernière ligne de cette défense contre les radicaux libres.

Nos résultats montrent que le plomb, administré par l'eau de boisson des mères gestantes, induit chez les jeunes rats mâles et femelles âgés de 14 jours des perturbations au niveau des systèmes de défense antioxydants, (SOD, CAT, GPx) hépatique, cérébrale et cérébelleux par comparaison aux rats témoins (T).

Ainsi nous avons trouvé que l'activité des SOD hépatique et cérébrale augmente. De même SIVAPRASAD et al (2003) ont montré que le plomb induit un stress oxydatif au niveau des érythrocytes chez le rat témoigné par une augmentation du taux de MDA et de l'activité de la SOD.

La diminution de l'activité des SOD au niveau du cervelet pourrait être due à l'inactivation de l'enzyme de réticulation ou de dommages de l'ADN (PFAFFEROOt et al., 1982). De même en 1996, LEVINE et al ont trouvé une diminution de l'activité SOD chez le rat intoxiqué par le plomb au niveau de certains organes, expliqué par l'épuisement de cette enzyme (SOD) induite par la forte production des radicaux libres " ROS " suite à la longue durée du stress.

La consommation de 15% de spiruline ou de 2% de pissenlit par les mères allaitantes et traitées par le Pb (groupe P Pb et S Pb) rétablit l'activité SOD chez les jeunes rats mâles et femelles âgés de 14 jours.

En effet, la spiruline et le pissenlit sont riches en Zinc, en cuivre et en Manganèse qui sont des cofacteurs essentiels de la SOD (PINCEMAIL et al., 2000). Ces minéraux sont considérés comme des antioxydants contre les radicaux libres. Ainsi, GHORBEL (2004) a trouvé que l'injection de chlorure de zinc à des rats adultes traités par le plomb corrige l'effet oxydant de ce métal au niveau hépatique, rénal et testiculaire.

Dans le même contexte, l'analyse expérimentale de l'activité catalase, deuxième ligne de défense enzymatique, montre au niveau du foie, du cerveau et du cervelet une diminution significative chez le groupe de jeunes rats mâles et femelles âgés de 14 jours et issus des mères ayant reçu l'acétate de plomb (Pb) par rapport aux témoins. Nos résultats confirment ceux de Jo et al 2008 qui ont montré une diminution de la

CHAPITRE IV

catalase chez les poissons traités par le cadmium au niveau du foie et de la chair témoignant d'un phénomène d'épuisement de cette enzyme.

Concernant la dernière ligne de défense antioxydante (GPx), nous avons trouvé au niveau du foie, du cerveau et du cervelet une augmentation de l'activité de cette enzyme chez les jeunes rats mâles et femelles âgés de 14 jours appartenant au groupe Pb ce qui confirme que la catalase est épuisée et que l'organisme fait appel à la GPx. Ce résultat a été retrouvé en 2007 par BERRAHAL et *al* qui ont signalé que l'augmentation de la GPx chez des rats traités par l'acétate de plomb à la dose de 15 mg/kg de poids corporel constitue un signe de défense des cellules de mammifères contre les dommages oxydatifs induits par ce métal.

La consommation de 15% de spiruline ou de (2%) de pissenlit par les mères allaitantes et traitées par le Pb (groupe P Pb et S Pb) rétablit à la normale (T) l'activité de la GPx hépatique, cérébrale et cérébelleuse chez les jeunes rats mâles et femelles âgés de 14 jours. Ce résultat confirme celui de MITALL et *al* (1999) qui ont montré que la spiruline augmente l'activité du glutathion S-transférase et favorise l'activation de la désintoxication chimique mutagène et cancérogène au niveau du foie, cerveau et cervelet. Nos résultats sont compatibles avec ceux de BADRISH et *al* (2008) sur des rats traités par le CCl4 (matière toxique) à différentes doses et par la spiruline comme plante protectrice. Ils ont montré la présence au niveau de la structure de spiruline, des molécules de tetrapyrrole dont leur fonction majeure est de réduire le stress oxydatif. Cette observation est cohérente avec celle de ZHOU et *al* (2005), qui ont mentionné que les tetrapyrroles sont des molécules qui forment la partie principale de C–Phycocyanine impliquée dans la destruction des radicaux libres et susceptible de contribuer à stimuler d'une manière significative l'activité enzymatique.

Les phycocyanines jouent ainsi le rôle d'antioxydants à fin de maintenir l'homéostasie cellulaire par l'élimination des ROS (RUDNEVA., 1999).

Conclusions

⇒ Le plomb, administré chez les mères dès le 5ème jour de gestation induit, chez les jeunes âgés de 14 jours :
- Une élévation du taux des TBARS au niveau hépatique, cérébral et cérébelleux.
- Une augmentation de l'activité enzymatique du superoxyde dismutase SOD au niveau du foie et du cerveau avec une diminution de l'activité de cette enzyme au niveau du cervelet.
- Une diminution de l'activité enzymatique de la catalase au niveau des organes étudiés.
- Une augmentation de l'activité enzymatique de la glutathion peroxydase GPx hépatique, cérébrale et cérébelleuse.

Ce qui montre l'effet oxydatif du plomb au niveau de ces organes.

⇒ La spiruline protège l'animal contre les effets toxiques du plomb en diminuant le taux des TBARS et en améliorant les activités enzymatiques (SOD, catalase et GPx).

Ces effets protecteurs sont dus probablement aux phycocyanines et aux minéraux essentiels (zinc, fer, magnésium) présents dans la spiruline.

⇒ le pissenlit protège également l'animal contre les effets toxiques du plomb puisque nous avons trouvé une correction du taux des TBARS et des activités enzymatiques (SOD, catalase et GPx).

Ces effets protecteurs sont dus probablement aux vitamines et aux minéraux essentiels (zinc, fer, magnésium) présents dans le pissenlit.

CONCLUSIONS GENERALES

Au cours de ce travail nous nous sommes proposé d'étudier les effets protecteurs de la spiruline et du pissenlit contre l'effet toxique du plomb sur les jeunes rats en période d'allaitement. Ainsi, l'acétate de plomb est administré dans l'eau de boisson à raison de 0.6 % à des rattes dès le 5ème jour de gestation. Ces animaux sont soumis à un régime alimentaire normal (groupe Pb) ou supplémenté en 15 % de spiruline (groupe S Pb) ou en 2 % de pissenlit (groupe P Pb). Des groupes de rattes gestantes recevant de l'eau distillée et nourris soit d'un concentré normal " témoins négatifs " (**T**) soit d'un concentré supplémenté de 15 % de spiruline ou de 2 % de pissenlit " témoins positifs " (groupe S ou P) sont utilisés comme références.

Le présent travail, réparti en quatre chapitres, consiste à étudier l'effet protecteur de la spiruline et du pissenlit chez les jeunes rats mâles et femelles âgés de 14 jours et issus de mères témoins traitées par le plomb.

Nos résultats ont montré :

> Concernant la croissance corporelle et hépatique :

$\Rightarrow$ Le plomb, administré dans l'eau de boisson des rattes dès le 5ème jour de la gestation, induit chez les jeunes rats mâles et femelles issus de ces mères et âgés de 14 jours :

- Une diminution de la croissance corporelle.
- Une atrophie hépatique.
- Une réduction du contenu du foie en protéines.

Ces effets sont dus à la forte absorption de ce métal, qui passe à travers le lait, par ces jeunes rats.

$\Rightarrow$ La spiruline, administrée à ces mères, protège les rats contre les effets toxiques du plomb

- Elle inhibe le passage du plomb dans le lait
- Elle rétablit le poids corporel et hépatique des jeunes rats en période d'allaitement.
- Elle rétablit le contenu protéique au niveau du foie des rats âgés de 14 jours.

Il semble que les phycocyanines sont des protéines responsables de cet effet protecteur et il est possible qu'elles inhibent ou elles diminuent le passage du plomb à travers le placenta.

⇒ Le pissenlit administré chez les rattes, traités au plomb corrige partiellement les effets de ce métal sur la croissance corporelle et hépatique de jeunes rats âgés de 14 jours bien qu'il inhibe le passage du plomb dans le lait. Cette amélioration pourrait être due soit aux vitamines soit aux protéines présentes dans le pissenlit, considérées comme étant des composés bioactifs.

> ➢ <u>Concernant la croissance osseuse</u>

⇒ Le traitement des mères à l'acétate de plomb dès le 5ème jour de gestation induit chez les jeunes rats de 14 jours :

- Une forte accumulation de ce métal au niveau de l'os qui dépasse 500 %.
- Un retard de la croissance osseuse démontrée par la réduction du poids et de la taille de ces fémurs et par la diminution de la différenciation des chondrocytes de la zone hypertrophique qui devient moins épaisse.
- Une réduction du contenu osseux en Ca^{2+} et HPO_4^{2-}.

⇒ La consommation de 15 % de spiruline ou de 2% de pissenlit par les mères traitées au plomb :

- Rétablit la croissance osseuse des jeunes rats mâles et femelles puisque la taille et le poids retrouvent ceux des témoins.
- Augmente le contenu osseux en éléments minéraux (Ca^{2+} et HPO_4^{2-}) chez leurs descendants par rapport à ceux traités par le plomb (Pb) sans toutefois atteindre les valeurs des témoins.

La spiruline et le pissenlit jouent un rôle très important au niveau de l'os en inhibant l'activité du Pb, en favorisant les minéralisations, et ceci éventuellement par le biais des phycocyanines présentes dans la spiruline, des vitamines et des éléments minéraux essentiels présents dans les deux plantes.

CONCLUSIONS GENERALES

> ➢ Concernant la maturation du système nerveux central

⇒ Le plomb, administré chez les mères au 5ème jour de gestation, induit chez les jeunes âgés de 14 jours :

- Une diminution des poids absolus des cerveaux et des cervelets accompagnée d'une réduction de leurs contenus en protéines.
- Une altération de la structure histologique avec un changement de l'aspect des cellules de Purkinje.
- Une accumulation de ce métal au niveau des cervelets des jeunes rats.

⇒ la spiruline provoque chez les rats traités au plomb (S Pb) une récupération des poids absolus des cerveaux et des cervelets et de leurs contenus en protéines.

⇒ le pissenlit induit une amélioration partielle des poids de cerveaux et de cervelets avec une récupération de leur contenu protéine.

La spiruline et le pissenlit jouent un rôle très important au niveau du système nerveux central en inhibant l'effet du plomb et ceci éventuellement par le biais des phycocyanines et des vitamines (A, B...) présents respectivement dans la spiruline et dans le pissenlit.

> ➢ Concernant le statut oxydant au niveau du foie, du cerveau et du cervelet

⇒ Le plomb administré chez les mères au 5ème jour de gestation induit chez les jeunes âgés de 14 jours :

- Une élévation du taux des TBARS au niveau hépatique, cérébral et cérébelleux.
- Une augmentation de l'activité enzymatique du superoxyde dismutase SOD au niveau du foie et du cerveau avec une diminution de l'activité de cette enzyme au niveau du cervelet.
- Une diminution de l'activité enzymatique de la catalase au niveau des organes étudiés.

- Une augmentation de l'activité enzymatique de la glutathion peroxydase GPx au niveau hépatique, cérébral et cérébelleux.

Ce qui montre l'effet oxydatif du plomb au niveau de ces organes.

⇒ La spiruline protège les rats contre les effets toxiques du plomb en diminuant le taux des TBARS et en améliorant les activités enzymatiques de la SOD, de la catalase et de la GPx.

Ces effets protecteurs sont dus probablement aux phycocyanines et aux minéraux essentiels (zinc, fer, magnésium) présents dans la spiruline.

⇒ le pissenlit protège également les rats contre les effets toxiques du plomb puisque nous avons trouvé une correction du taux des TBARS et des activités enzymatiques (SOD, catalase et GPx).

Ces effets protecteurs sont dus probablement aux vitamines et aux minéraux essentiels (zinc, fer, magnésium) présents dans le pissenlit.

REFERENCES BIBLIOGRAPHIQUES
Introduction générale

BOUTRON C., 1988 – le plomb dans l'atmosphère. *La recherche*. **198**, 446- 455.

GHORBEL F, BOUJELBENE M, MAKNI-AYADI F, GUERMAZI F., GROUTE F., SOLEILHAVOUP J.P. & ELFEKI A., 2002 - [Cytotoxic effects of lead on the endocrine and exocrine sexual function of pubescent male and female rats. Demonstration of apoptotic activity]. *CR. Biol*. **325**, 927- 940.

HAGUENOER J.M. & FURON D., 1989 In toxicologie et hygiène industrielles. Les dérivées minéraux. Tome II. *Ed : Technique et Documentation, Paris*. pp 47-128.

MAYLIN F., 1999 - Plomb dans l'environnement. Quels risques pour la santé. *Extrait du rapport d'expertise. http.www.insern.fr.*

SQUINAZI F., 1994 - Le plomb dans les vieilles peintures. Du saturnisme professionnel au saturnisme infantile. *Techniques sciences et méthodes*. **2**, 88 - 93.

Etude bibliographique

AFAA., 1982 - Actes du premier symposium sur la spiruline *: spirulina platensis (Gom.) Geitler de l'AFAA(Association française pour l'algologie appliqué).*

ALBAHARY C., RICHET G., GUILLAUME J. & MOREL M.L., 1965 - Le rein et le saturnisme professionnel. *Arch Mal Prof.* **26**, 105-117.

ANGELL N.F. & LAVERY J.P., 1982 -The relation ship of blood lead levels to obstetric outcome .*Am. J. Obstet. Gynecol.* **40**,142-146.

APOSTOLI P., KISS P., PORRU S., BONDE JP. & VANHOORNE M., 1998 - Male reproductive. Toxicity of lead in animals and humans. *ASCLEPIOS Study Group.Occup.Environ.Med.* **55**, 364 – 374.

BANCI L., BENDETTO M., BERTINI I., DEL CONTE R., PICCIOLI M. & VIEZZOLI M.S., 1998- Solution structure of reduced monomeric Q133M2 copper, zinc superoxide dismutase (SOD). Why is SOD a dimeric enzyme.*Biochemistry*, **37**, 11780-11791.

BARONDEAU D.P., KASSMAN C.J., BRUNS C.K., TAINER J.A. & GEITZOFF E.D., 2004- Nickel superoxide dismutase structure and mechanism. *Biochemistry*, **43**, 8038-8047.

BEN OUADA H ., 2001- Les extraits de la spiruline, résultats valorisables obtenus en cosmétique et agroalimentaires. *Journées d'information sur les voies de valorisation de la micro-algue spiruline. Monastir Center 28/04/2001.*

REFERENCES BIBLIOGRAPHIQUES

BERGER M.M., 2003- Oligoéléments: quoi de neuf. Swiss *Med Forum.* **31**, 681-720.

BOUTRON C., 1988 – le plomb dans l'atmosphère. *La recherche.* **198**, 446- 455.

BUJARD E., BRALON U., MAURON J., MOTTU F. & CLEMENT G., 1970 - Composition and nutritive value of blue –green algae (spirulina) and their possible use in food formulations. 3rd *international congress of food science and Technology, Abstracts. Washington.*

CAROLINE J., 2003- DEA de biochimie. U*niversité Lyon /INSA-LYON.*

CARR A.C, ZHU B.Z, FREI B., 2000- Potential antiatherogenic mechanisms of ascorbate (vitamin C) and alpha-tocopherol (vitamin E). *Circ Res.***7**, 349-354.

CHALLEM J.J., PASSWATER RA. & MINDELL EM., 1981- Spirulina Keats publishing. *Inc. New Canaan, Connecticut.* **45**, 168.-280.

CHARPY L., 2004 - les cyanobactéries pour la santé, la science et le développement. *Mémoire de l'institut océanographique Paul Richard. Marine life. - Acte du colloque international .*

CHEN K., SUH J., CARR A.C., MORROW J.D., ZEIND J. & FREI B., 2000 - Vitamin C suppresses oxidative lipid damage in vivo, even in the presence of iron overload. *Am J Physiol Endocrinol Metab.* **279**, 1406-1412.

CIFFERRI O., 1983 - Spirulina, the edible microorganism, *Microbiological Reviews.* **47**, 551-578.

COGBILL E.C. & HOBBS M.E., 1957 – Transfer of metallic constituents of cigarettes to the main – stream smoke. *Tob. Sci.* **1**, 68-73.

COOPER W.C., 1988 - Deaths from chronic renal disease in U.S. battery and lead production workers. *Environ Health Perspect.* **78**, 61-63.

DAVIES, M.J., FU.S., WANG, H., DEAN, R.T., 1999 - Stable markers of oxidant damage to proteins and their application in the study of human disease. *Free Radic. Biol. Med.* **27**,1151-1163.

DEL CORSO L., PASTINE F., PROTTI M.A., ROMANELLI A.M., MORUZZO D., RUOCCO L. & PENTIMONE F., 2000 - Blood zinc, copper and magnesium in aging. Astudy in healthy home – living elderly. *Panminera Med.* **42**, 273-7.

DELAVEAU P., 1988- pissenlit. *Act. Pharm,* **257**, 49-50.

DIMESSI A., 2007 -Effet de l'incorporation de la spiruline dans l'alimentation sur l'elvage du Guppy : croissance, survie, coloration et fécondité , mémoire de projet de fin d'étude D.U .T . *Aquaculture p 34.*

REFERENCES BIBLIOGRAPHIQUES

DIZDARUGLU M., 1994 - Chemical determination of oxydative DNA damage by gas chromatography – mass spectrophotometry .*Methods enzymol*. **234**, 3-16.

DUC M., KAMNISKY P. & KLEIN M., 1994 - Intoxication par le plomb et ses sels .Toxicologie – Pathologie professionnelle 16-007-A-10.Ed: *techniques Encycl.Med.Chir. (Paris –France)*. pp10.

ELLOUZE K., 2004 – étude des paramètres protéique et pigmentaires de la spiruline *Arthropira Platensis* selon les conditions de culture : cas de la ferme « Bioalgues » à El–Alia (Salakta). Mémoire fin d'études .*Biotechnolgie de monastir* p15 -36.

FACHMANN, KRAUT, MC CANCE & WIDDOWSON., 1996 - Répertoire général des aliments, REGAL (1995) – « Minéraux » ; « Composition des aliments », Souci, « *The Composition of Foods* ».

FARRAR W.V., 1966 -Tecuitlat; a glimpse of Aztec food technology. *Nature*. **211**, 341-342.

FAVIER A., 2003- Le stress oxydant : intérêt de sa mise en évidence en biologie médicale et problèmes posés par le choix d'un marqueur. *Annales de biologie clinique*. **55**, 9 - 16.

FLAQUET J. & HUNRI J.P., 2006 – Spiruline aspect nutritionnel, que ta nourriture soit ton médicament. *Hippocrate 13*, 3-25.

FOSTER W.C., MC MAHON A ., YOUGLAI E.V.,HUGHEBS E.G., &RICE D.C., 1993 – Reproductive endocrine effects of chronic lead exposure in the male cynomalgus monkey . *Reprod. Toxicol* . **7**, 203-209.

FOSTER W.G., MCMAHON A. and RICE D.C., 1996- Sperm chromatin structure is altered in cynomolgus monkeys with environmentally relevant blood lead levels. *Toxicol Ind Health*. **12**, 723-735.

FOX R. D., 1999-   la spiruline : technique, pratique et promesse. *Ed : Edisud Algoculture*. 246. ISBN . pp : 151-160.

FRIDOVICH I., 1998 -The trail to superoxide dismutase. *Protein Sci*. **7**, 2688-2690.

GOYER RA., 1993 – Lead toxicity: current cancers. *Environ. Heath Perspect*. **100**, 177- 187.

HAGUENOER J.M. & FURON D., 1989 – In toxicologie et hygiène industrielles. Les dérivées minéraux. Tome II. *Ed : Technique et Documentation, Paris*. pp 47-128.

REFERENCES BIBLIOGRAPHIQUES

HALLIWELL B., CROSS C.E. & GUTTERIDGE J.M., 1992 - Free radicals , antioxydants , and human disease: where are we now . *J Biol Clin Med.* **119**, 589-620.

HALLIWELL B., GUTTERIDGE J.M.C., 1999- Free radicals in biology and medecine. 3rd Ed. *Oxford University Press*.pp: 541-543.

HASAN J., VIHKO V. & HERNBERG S., 1967 - Deficient red cell membrane Na^+/K^+ ATPase in lead poisoning. *Arch.Environ . Health.* **14**, 313 -324.

HERNBERG S., 1967 - Lifespan potassium fluxes and membrane ATPases of erythrocytes from subjects exposed to inorganic lead. *Work. Environ. Health.* **3**, 1 - 74.

HIRATA T., TANAKA M., OOIKE M., Tsunomura T., Sakaguchi M., 2000 - Activités antioxydantes de la phycocyanobiline préparée à partir de Spirulina platensis. *Journal of Applied Phycology.* **12,**435-439.

IMLAY, J.A. & LINN S., 1988- DNA damage and oxygen radical toxicity.*Science.* **240**, 1302-1309.

IWATA K., INAYAMA T. & KATO T., 1990 - Effects of spirulina platensis on plasma lipoprotein lipase activity in fructose – induced hyperlipedemic rats. *J. Nutr. Sci Vitaminol.* **36**, 165-171.

KAYNAR H., MERAL M., TURHAN H., KELES M., CELIK G. & AKCAY F., 2005- Glutathione peroxidase, glutathione-S-transferase, catalase, xanthine oxidase,Cu-Zn superoxide dismutase activities, total glutathione, nitric oxide, and malondialdehyde levels in erythrocytes of patients with small cell and non-small cell lung cancer. *Cancer Lett.* **28**, 133-139.

KEHOE R.A., 1987 - Studies of lead administration and elimination in adult volunteers under natural and experimentally induced conditions over extended periods of time. *Food Chem Toxicol.* **25**, 421-493.

KHALIL A., 2002 - Molecular mechanisms of the protective effect of vitamine against atherosclerosis. *Can J Physiol Pharmacol.* **80,** 662-669.

KUHN, H., BORCHERT, A., 2002- Regulation of enzymatic lipid peroxidation: the interplay of peroxidizing and peroxide reducing enzymes. *Free Radic. Biol. Med.* **33**, p 154-172.

KUUSI T., PYYSLAO H., AUTIO K.,1980 -The bitterness properties of dandelion II. Chemical investigations. *Lebnsn – Wiss. U Technol.* **18**, 347-349.

LOCKITCH G., 1993 - Perspectives on lead toxicity. *Clin. Biochem.* **25**, 371 – 381.

REFERENCES BIBLIOGRAPHIQUES

MATÈS J.M., PEREZ-G.C., NUNEZ D. & CASTRO I., 1999 - Antioxidant enzymes and human diseases. *Clin Biochem.* **32,**595-603.

MEZZETTI A., PIERDOMENICO S.D., COSTANTINI F., ROMANO F., CESARE D., CUCCRULLO F., IMBASTRO T., RIARRIO S.G., DI GIACOMO F., ZULIANI G. & FELLIN R., 1998 - Copper/zinc ratio and systemic oxidant load: effect of aging and aging-related degenerative diseases. *Free Radic Biol Med.* **25**, 676-681.

MOORE M.R., MERIDITH P.A., WATSON W.S., SUMNER D.J., TAYLOR M.K. & GOLDBERG A., 1980 - The percutaneous absorption of lead- 203 in humans from cosmetic preparations containing lead acetate, as assessed by whole –body couting and other techniques. *Food Cosmet. Toxicol.* **18**:399- 402.

MOUMEM R., NOUVELOT A., DUVAL D., LECHEVALIER B. & VIADER F., 1997- Plasma superoxide dismutase and glutathione peroxidase activity in sporadic amyotrophic lateral sclerosis. *J Neurol Sci.,* **151**, 35-39.

NILSSON U., ATTEWELL R., CHRISTOFFERSSON J.O., SCHUTZ A., AHLGREN L., SKERFVING S. & MATTSSON S., 1991 - Kinetics of lead in bone and blood after end of occupational exposure. *Pharmacol Toxicol.* **68**, 477-484.

OMS., 1978 - Critères d'hygiène de l'environnement. *Genève – OMS- plomb.* pp **3**.

PAGLIUCA A., MUFTI G.J., BALDWIN D., LESTAS A.N., WALLIS R.M. & BELLINGHAM A.J., 1990 - Lead poisoning: clinical, biochemical, and haematological aspects of a recent outbreak. *J Clin Pathol.* **43**, 277-281.

PALLA J.C. & BUSSON F., 969 - Etudes des caroténoïdes de spirulina platensis. (Gom.) *Geitler (cyanophycées). C.R. Acad. Sc. Paris,* **269** pp: 1704-1707.

PALMINGER H .I., JONSSON S., KARLSSON M.O. & OSKARSSON A., 1996 – Kinetic observations in neonatal mice exposed to lead via milk. *Toxicol Appl Pharmacol.* **140,** 13-18.

PEREZ R., 1997- Ces algues qui nous entourent : conception actuelle, rôle dans la biosphère, utilisations, culture. *Ed: IFREMER.* pp: 16 -23.

PICHARD A., 2003 – Plomb et ses dérivées. *Fiche de données toxicologiques et environnementales des substances chimiques.* **9,** 4-90.

RABIMOWITZ M.B., WETHERILL G.W. & KOPPLE J.D., 1976 – Kinetic analysis of lead metabolism in healthy humans .*J.Clin .Invest.* **58**, 260-270.

REFERENCES BIBLIOGRAPHIQUES

RAUWALD H. & UANG JT., 1985- Taraxacoside, a type acylated g – butyrolactone glycoside from Taraxacum Officinale. *Phyochemitry.* **24**, 1557-1559.

REICHELD J.P., MEYER E., KHAFIF M., BONNNARD G. & MEYER Y., 2005- ATNTRB is the major mitochondrial thioredoxin reductase in Arabidopsis thaliana. *FEBS Lett.* **579**, 337-342.

ROBINSON T.R., 1974 - Delta-aminolevulinic acid and lead in urine of lead antiknock Workers. *Arch Environ Health.* **28**, 133-138.

ROSEN J.F., CHESNEY R.W., HAMSTRA A., DELUCA H.F. & MAHAFFEY K.R., 1980 - Reduction in 1, 25 dihydroxyvitamin D in children with increased lead absorption. *Engl. J. Med.* **302**, 1128 – 1131.

SAHNOUN Z., JAMMOUSI K. & ZEGHAL KM., 1997- Radicaux libres et antioxydants: physiologie, pathologie humaine et aspects thérapeutiques. *Thérapie* **52**, 251-270.

SMITH C.M., DELUCA H.F., TANAKA Y. & MAHAFFEY K.R., 1981 - Effects of lead ingestion on functions of vitamin D and its metabolites. *J. Nutr.* **111**, 1321-1329.

SORTO M., 2003 - Utilisation et consummation de la spiruline au Tchad. *2ème atelier international Food-based approaches for a healthy nutrition, Ouagadougou,* **23** - .Novembre.

STAHL W & SIES H., 1997- Antioxidant defense: vitamin E and C and carotenoides .*Diabetes.* **6** (2): 514-518.

TANDON S., SINGH S., PRASADS., SRIVASTAVA S. & SIDDQUI M., 2002 – Reversal of lead – induced oxidative stress by chelating agent, antioxidant, or their combination in the rat. *Environ. Res. Sep.* **90**, 61-64.

TAYLOR A., 1986 –Metabolism and toxicology of lead. *Rev. Environ. Health.* **6**, 81-83.

TESTUD F., 1998 – Métaux : 4ème partie: plomb, thallium, vanadium, zinc. In Pathologie toxique en milieu de travail. *2ème Ed: Paris, ESKA Lacassagne.* pp 159-178.

VADIRAJA B., GAIKWAD N. & MADYASTHA K., 1998 - Hepatoprotective effect of C-phycocyanin: protecrion for carbon tetrachloride and R-(+) pulegone –mediated hepatoxicity in rats. *Biochem. Res. Commun,* **249**, 428-431.

REFERENCES BIBLIOGRAPHIQUES

VILLEDA H. J., BARROSO M. R., MENDEZ A.M., NOVA-RUIZ C., HUERTA-R.R. & RIOS C., 2001 - Enhanced brain regional lipid peroxidation in developing rats exposed to low level lead acetate. *Brain. Res. Bull.* **55**, 247 – 251.

VONSHAK A., 1997- spirulina platensis (*Arthrospira*): physiology, *cell biology and biotechnology Taylor and Francis.* **14**, 547 -551.

VONSHAK A., 2000 - Spirulina platensis *(Arthrospira):* physiology, *cell- biology, and biotechnology, Taylor and Francis.* **73**, 79 – 118.

WINSHIP K.A., 1989 – Toxicity of lead. *Adv. Drug. React.* **8**, 117-152.

WOLFF S.P., BASCAKL Z.A., HUNT J.V., 1989 - Autoxidative glycosylation: free radicals and glycation theory. *Prog. Clin. Biol. Res.* **304**, 259-275.

WOLIN M.S., 1996 - Reactive oxygen species and vascular signal transduction mechanisms. *Microcirculation.* **3**, pp: 1-17.

WOLTERS M., HERMANN S., GOLF S., KATZ N. & HAHN A., 2005- Selenium and antioxidant vitamin status of elderly German women. *Eur J Clin Nutr.* **24**, 112-124.

WRIGHT R.O., HU H., MAHER T J., AAMARASIRIWARDENA C., CHAIYYAKUL R., WOOLF A.D .& CHANNON M.W., 1998 – Effect of iron deficiency anemia on lead distribution after intravenous dose in rats . *Toxicol. Ind. Health .***14**, 547 -551.

YAMANE Y., FUKINO H., ICHO T., KATO T. & SHIMAMATSU H., 1988 - Effect of spirulina platensis on the renal toxicity induced by inorganic mercury and Para-aminophenol. *J.Food Biochem.***45**, 313-332.

YUFFENG L., LIZHI X., NI C., LIJUN L. & GHANQWU Z., 2000 – la phycocyanine. J*ournal of applied phycology.* **12** ,125-130.

ZASTAWNY T., DABROWSKA M., JASKOLSKI T., KLIMARCZYK M., KULINSKI L., KOSZELA A., SLIINSKA M., WITKOWSKI P. & OLINSKI R., 1998- Comparison of oxidative base damage in mitochondrial and nuclear DNA. *Free Radic. Biol.Med.* **24**, 722-725.

Matériel et méthodes

AEBI H., 1974 - Catalase, in: H.U. Bergmeyer. Methods of Enzymatic Analysis. **vol. 2**. *Ed: Academic Press, New York.* pp. 673–684.

ASADA K., TAKAHASHI M., &NAGATE M., 1974 - Assay and inhibitors of spinach superoxide dismutase. *Agric. Biol. Chem.* **38**, 471– 473.

REFERENCES BIBLIOGRAPHIQUES

COLEONI A.H., MUNARO N., RECUPERO A. R. &CHERUBINI O.; 1983- Nuclear triidothyronine receptors and metabolic responses in perinatally protein deprived rats. *Acta. Endocrinol,* **104,** 450-455.

FISHECK K.L. & RASMUSSEN L.M., 1987- Effects of repeated cycles on maternal nutritional status, lactational performance and litter growth in ad libitum fed and chronically food. *J. Nutr.* **117,** 1967-1975.

FLOKE L. & GUNZLER., 1984 – Assays af glutathion peroxidase. *Methods Enzymol.* **105**, 114-121.

GABE M., 1968-Technique histologiques. *Ed: Masson, Paris. pp 331-332.*

JONES A.P., SIMON E.L. & FRIEDMAN M.I., 1984 Gestational undernutrition and obesity in rats. *J. Nutr.* **114,** 1484-1488.

LISON L., 1958– Statistique appliquée à la biologie expérimentale. La planification de l'expérience et l'analyse des résultats. *Ed : Gauthier Vilars (Paris)*.

LOWRY O.H., ROSEBROUGH N.J., FARR A.L. &RANDAL R.J., 1951 –Protein measurement with the folin phenol reagent. *Biol. chem.***193**, 265-275.

MOURA E.G., RAMOS C.F., NASCIMENTO C.C.A., ROSENTHAL D. & BRITENBACH M.M.D., 1987- Thyroid function in fasting rats. Variations in I^{131} uptake and transient decrease in peroxydase activity. *BRAZ J Med Biol Res.* **20,** 407-410.

PASSOS M.C.F., RAMOS C.F. & DEMOURA E.G., 2000- Short and long term effects of malnutrition in rats during lactation on the body weight of offspring. *Nutrition research.* **20**: 1603-1612.

TUNG G. &TEMPLE P. J., 1996 - Histochemical Detection of lead in plant Tissues. *Environmental. Toxicology and chemistry* .**5**, 906-914.

YAGI K., 1976 - A simple Fluorometric Assay for lipoperoxide in Blood Plasma. *Biochemical. Medicine.* **15**, 212 – 216.

Chapitre I

BELLINGER D., LEVITON A., WATERNAUX C. & ALLRED E., 1985 - Methodological issues in modeling the relationship between low-level lead exposure and infant development: examples from the Boston Lead Study. *Environ Res.* **38,** 119-129.

BOUDENE C., COLLAS E. & JENKIS C., 1975- Recherche et dosage de divers toxiques minéraux dans les algues spirulines de différentes origines et évaluation de la toxicité a long terme chez le rat d'un lot d'algues spirulines de provenance mexicaines. *Ann. Nutr. Aliment.* **29**, 577-587.

REFERENCES BIBLIOGRAPHIQUES

DHAR A. & BANNERJEE P. K., 1979 – Effect of lead on certain aspects of protein metabolism. *Int .J.Vitam. Nut. Res* .**49**, 322-329.

GHORBEL F., 2004 - Effets du plomb sur certains paramètres physiologiques chez le rat en fonction de l'âge : Interaction avec le zinc. *Thèse, Doctorat en Sciences Biologiques: Thème : Ecophysiologie Animale.*

GILBERT L.I. & FRIEDMAN E., 1981- Metamorphosis. A problem developmental biology.Ed: P*lenum Press, New –York. pp* 421-466.

GOYER R.A., 1990 - Transplacental transport of lead. *Environ Health Perspect.* **89**, 101- 105.

GULSON B.L., JAMESON C.W., MAHAFFEY K.R., MIZON K.J, KORSCH M.J. & VIMPANI G. 1997- Pregnancy increases mobilization of lead from maternal skeleton. *J Lab Clin Med.* **130**, 51-62.

IARC.; 1980- Some metals and metallic compounds. ARC monographs on the evaluation of the carcinogenic risk of chemicals to humans: Overa all evaluations of carcinogenicity. Lyon, World Health Organisation, International. *Agency for Research on Cancer.* **23**, pp. 230-232.

LEWIS C., 2004-Sax's Dangerous Properties of Industrial Materials, *Ed: J. Toxicol. Environ. Health.* **26**: 149-152.

SHIFOW AA, NAIDU MU, KUMAR KV, PRAYAG A, RATNAKAR KS., 2000 - Effect of pentoxifylline on cyclosporine-induced nephrotoxicity in rats. *Indian J. Exp. Biol.* **38**, 347–352.

YASSER M., 2006 - Effet de spiruline sur le système immunitaire, le cancer et le virus de sida Biologiste. CFPPA d'Hyères. TOULON, (France).

Chapitre II

DALLY S., DUVLLEROY M., CONSO F. & FOURNIER E., 1980 – Stimulation d'intoxications chroniques : l'exemple du plomb. *Arch. Mal. Prof.* **41**, 129-135.

HU H., 1998 – Bone lead as a new biologic marker of lead dose: recent findings and implications for public health. *Environ. Heath Perspect.* **100**, 961 - 967.

PASCAUL J., ARGENTA J., LOPEZ MB., MUNOZ M. & MARTINEZ G., 1998 - Bone mineral density in children and adolescents with diabetes mellitus type 1 of recent onset. *Calcify. Tissue. Int.* **62**, 31-35.

RASMUSSEN H. & WAISMAN D.M., 1983 - Modulation of cell function in the calcium messenger system. *Rev. Physiol. Biochem. Pharmacol.* **95**, 111-114.

ROSEN, J.F. & CHESNEY R.W., 1983 - Circulating calcitriol concentrations, in health and disease. *J.Pediatr. pp:* 103- 111.

ROTHENBERG S.J., KARCHMER S., SCHNAAS L., PERRONI E., ZEA F. & FERNANDEZ A.J., 1994 – Toxic interstitial nephropathy from metals, metabolites and radiation. *Semin. Nephro.* **8**, 72 – 81.

YUKSEL H., DARCAN C., CURA A., MIR S. & MAVI R., 1998 - Effect of enalapril on proteinura, phophaturia and calciuria in insulin –dependant diabetes. *Pediatr Nephrol.* **12**, 648-650.

ZHANG G. & CHENG –W., 1994 - Effects of polysaccharide and phycocyanin from spirulina on peripheral blood and hematopoietic system of bone marrow in mice. Proc. of Second Asia Pacific Conf. On Algal Biotech. *Univ of malaysa.* P 58. China.

Chapitre III

ALFANO D.P., BOUTILLIER J.C. & PETIT T.L., 1982 - Hippocampal mossy fiber pathway development in normal and postnatally lead-exposed rats. *Exp Neurol,* **75**, 308-319.

ALTMAN J., 1982 - Morphological development of the rat cerebellum and some of its mechanisms. *Exp. Brain. Res.* **16**, 8-49.

ANTONIO M.T., LOPEZ N. & LERET M.L., 2002 - Pb and Cd poisoning during development alters cerebllar and striatal function in rats. *Toxicology.* **176**, 59 - 66.

BRADBURY M.W.B. & DEANE R., 1993 - Permeability of the blood-brain barrier to lead. *Neurotoxicology.* **14**, 131-136.

CORY - SLECHTA D.A., POKORA M.J. & PRESTON R.A., 1997 - The effects of dopamine agonists on fixed interval schedule-controlled behavior are selectively altered by low-level lead exposure. *Neurotoxicol Teratol.* **18**, 565-575.

DELANGE F., 1994 - The disorders induced by iodine deficiency. *Thyroid,* **4**, 107-128.

EASTLEY R., WILCOCK GK. & BUCKS RS., 2000 - Vitamin B12 deficiency in dementia and cognitive impairment: the effects of treatment on neuropsychological function. *Int J Geriatr Psychiatry.* **15**, 226–233.

REFERENCES BIBLIOGRAPHIQUES

FINKELSTEIN Y., MARKOWITZ M.E. & ROSEN J.F., 1998 - Low-level lead-induced neurotoxicity in children: an update on central nervous system effects. *Brain Res Brain Res Rev.* **27**, 168-176.

HETZEL B.S., POTTER B.J. & DULGER E.M., 1990 - Iodine deficiency disorders. Nature pathogenesis and epidemiology. *World Rev Nutr Diet.* **62**, 59-119.

HIRATA T., TANAKA M., OOIKE M., TSUNOMURA T. & SAKAGUCHI M., 2000 – La phycocyanine. *Journal of applied Phycology.* **12**, 435-439.

HOWDSHELL K.L., 2002 - A model of the development of the brain as a construct of the thyroid system. *Environ. Health. Perspect.* **110**, 337-348.

LEGRAND J., 1983- Hormones thyroïdiennes et maturation du système nerveux, *J. physiol.* Paris. **78.** 603-652.

MARTIN DC., FRANCIS J., PROTETCH J. & HUFF FJ., 1992 - Time dependency of cognitive recovery with cobalamin replacement: report of a pilot study. *J Am Geriatr Soc.* **40,**168–72.

MICHAELSON A., 1973 - Effects of inorganic lead in RNA, DNA and protein content in the developing neonatal rat brain.*Toxicology and Applied Pharmacology.* **26**, 539-548.

NEWLAND M.C., YEZHOU S., LOGDBERG B. & BERLIN M., 1996 - In utero lead exposure in squirrel monkeys: motor effects seen with schedule-controlled behavior. *Neurotoxicol Teratol.* **18**, 33-40.

PETIT T. L. & LEBOUTILLIER J.C., 1979 - Effects of lead exposure during development on neocortical dendritic and synaptic structure. *Exp Neurol.* **64**, 482-492.

ROMAY C., ARMESTO J., REMIREZ D., GONZALEZ R., LEDON N. & GARCIA I., 1998 - Antioxidant and anti-inflammatory properties of C-phycocyanin from blue-green algae. *Inflamm. Res.* **47**, 36–41.

SINGH A.K., 1993 - Age-dependent neurotoxicity in rats chronically exposed to low levels of lead: calcium homeostasis in central neurons. *Neurotoxicology.***14**, 417-427.

STRUZ'YN'SKA L., CHALIMONIUK M.b. & SULKOWSKI G., 2005 - Changes in expression of neuronal and glial glutamate transporters in lead-exposed adult rat brain. *Neurochemistry International.* **47**, 326–333.

TENKOON G., AITCHISON C.S., FRANGIA J., PRICE D.L. & GOLDBERG A.M., 1979 - Chronic lead intoxication: effects on developing optic nerve. *Ann Neurol.* **5**, 558-564.

TOLONEN M., SCHRIJVER J., WESTERMARCK T., HALME M., TUOMINEN SE. & FRILANDER A., 1988- Vitamin B6 status of Finnish elderly. Comparison with Dutch younger adults and elderly. The effect of supplementation. *Int J Vitam Nutr Res.* **58**, 73–7.

WINDEBANK A.J., Mc CALL J.T., HUNDER H.G. & DYCK P.J., 1980 - The endoneurial content of lead related to the onset and severity of segmental demyelination. *J Neuropathol Exp Neurol.* **39**, 692-699.

Chapitre IV

AYKIN B.N., LAEGELER A., KELLOGG G. & ERCAL N., 2003 - Oxidative effects of lead in young and adult fisher rats. *Arch. Environ. Condam. Toxicol.* **44**, 417 - 420.

BADRISH S., NISHANT P.V. & DATTA M., 2008-Ameliorative action of cyanobacterial phycoerithrin on CCl_4^- induced toxicity in rats. *Toxicology.* **248**, 59-65.

BERRAHAL A.A, NEHDIA, HAJJAJI N, GHARBI N, &FAZÂA S., 2007-Antioxidant enzymes activities and bilirubin level in adult rat treated with lead. *C. R. Biologies* **330**, 581–588.

CAMPANA O., SARASQUETE C. & BLASCO J., 2003 - Effect of lead on ALAD activity, metallothionein levels, and lipid peroxidation in blood, kidney and liver of the toadfish halobatrachus didactylus. *Ecotoxicol. Environ. Saf.* **55**, 116 - 125.

CARR A.C. & FREI B., 1999 - Toward a new recommended dietary allowance for vitamin Cbased on antioxidant and health effects in humans. *Am. J. Clin. Nutr.* **69**, 1086-1107.

HOLICK C.N., MICHAUD D.S., STOLZENBERG-SOLOMON R., MAYNE S.T., PIETINEN P., TAYLOR P.R., VILAMO J. & ALBANES D., 2002 - Dietary carotenoids, serum beta – carotene, and retinol and risk of lung cancer in the alpha-tocopherol, beta-carotene cohort study. *An. J. Epideniol.* **156**, 536 - 547.

JO P. G, CHOI Y. K & CHOI C.Y., 2008-Cloning and mRNA expression of antioxidant enzymes in the Pacific oyster,Crassostrea gigas in response to cadmium exposure Comparative Biochemistry and Physiology, *Part C.* **147**, 460–469.

LECOMTE E., ARTUR Y., CHANCERELLE Y., HERBETH B., GALTEAU MM., JEANDEL C. & SIEST G., 1993 - Malondialdehyde Adducts To. And fragmentation of Apolipoprotein B from human plasma. *Clin. Clim. Acta.* **218**, 39 - 46.

LEVINE S.A. & KIDD P.M., 1996 - Antioxidant adaptation. Its role in free radical pathology. In : SAN LEANDRO : Allergy Research Group. *Ed: A. Biocurrents division. California.* pp 35 - 42.

REFERENCES BIBLIOGRAPHIQUES

MICHAUD D.S, FESKANIC D., RIMM E.B., COLDITZ G.A., SPEIZER F.E., WILLETT W.C. & GIOVANNUCCI E., 2000 - Intake of specific carotenoids and risk of lung caner in 2 prospective US cohorts. *Am. J. Clin. Nutr.* **72**, 990 - 997.

MITTAL A., KUMMAR P.V., BANERJEE S., RAO A.R & KUMAR A., 1999 - Modulatory potential of spirulina fisiformis on carcinogen metabolizing enzymes in Swiss albino mice. *Phototherapy. Res.* **13**, 111-114.

NIITSU M., OHYA T., XU X.S. & SAMEJIMA K., 1995 - Identification of N4 – (2-Propenal Spermidine). As a major Reaction Product of Malondialdehyde on spernidine. *Biol. Pharm. Bull.* **18**, 1162 - 1164.

PATRA R.C., SWARUP D. & DWIVEDI S., 2001- Antioxidant effects of α-tocopherol, ascorbic acid and L-methionine on lead-induced oxidative stress to the liver, kidney and brain in rats, *Toxicology* **162**, 81–88.

PFAFFEROOT C., MEISELMAN H.J. & HOCHSTEIN P., 1982 - The effect of MDA on erythrocyte deformability, *Blood* .**159**, 12–15.

PINCEMAIL J., SIQUET J. & CHAPELLE J.P., 2000 - Evaluation des concentrations plasmatiques en antioxydants, anticorps contre les LDL oxydées et homocystéine dans un échantillon de la population liégeoise. *Ann. Biol. Clin.* **58**, 178 - 185.

RUDNEVA I.I., 1999 - Antioxidant system if Black Sea animals in early development. *Comp. Biochem. Physiol.* **112**, 265–271.

SHAFIQ U.R.R., REHMAN S., CHANDRA O. & ABDULLA M., 1995 - Evaluation of malondialdehyde as an index of lead damage in rat Brain homogenates. *Biometals.* **216**, 1110 - 1117.

SIVAPARASID R., NAGARAJ M. & VARALAHSHMI P., 2003 - Combined efficacies of lipoic acid and meso-2.3- dimercaptosuccini acid on lead – induced erythrocyte membrane lipid peroxidation an antioxidant dant status in rats, *Hum. Exp. Toxicol.* **22**, 183-192.

UPASANI C.D., KHERA A. & BALARAMAN R., 2001– Effect of lead with vitamin E, C or Spirulina on malondialdehyde, conjugated dienes and hydroperoxides in rats. *Indian. J. exp. Biol.* **39**, 70 – 74.

UPSANI C.D. & BALARAMAN R., 2003 - Protective effect of spirulina on lead induced deleterious changes in the lipid peroxidation and endogenous antioxidants in rats. *Phototherapy. Res.* **17**,330-334.

ZHOU Z.P, LIU L.N, CHEN X.L, WANG Z.X, CHEN M, ZHANG Y. Z. & ZHOU B.C., 2005- Factors that effects antioxidant activity of c-phycocyanins from Spirulina platensis. *J.Food Biochem.* **29**, 313-332.

Oui, je veux morebooks!

I want morebooks!

Buy your books fast and straightforward online - at one of the world's fastest growing online book stores! Environmentally sound due to Print-on-Demand technologies.

Buy your books online at
www.get-morebooks.com

Achetez vos livres en ligne, vite et bien, sur l'une des librairies en ligne les plus performantes au monde!
En protégeant nos ressources et notre environnement grâce à l'impression à la demande.

La librairie en ligne pour acheter plus vite
www.morebooks.fr

SIA OmniScriptum Publishing
Brivibas gatve 1 97
LV-103 9 Riga, Latvia
Telefax: +371 68620455

info@omniscriptum.com
www.omniscriptum.com

Printed by Books on Demand GmbH, Norderstedt / Germany